高职高专教育“十三五”规划建设教材
中央财政支持高等职业教育动物医学专业建设项目成果教材

动物传染病实训图解

（动物医学类专业用）

刘娣琴　主编

中国农业大学出版社
·北京·

内容简介

《动物传染病实训图解》是针对畜牧兽医类专业的一门实训教材，全书共二十六个实训项目，涉及防疫、消毒、免疫接种和疫病诊断以及监测等实训内容。本教材的编写注重理论联系实际，突出职业性、实用性，每项实训设有“实训目标”，便于学生在实训前明确学习目标。本教材文字简洁，图文并茂，直观易学，操作方便，贴近生产实际，内容通俗易懂、深入浅出，运用新媒体——扫描二维码，现代职教特色鲜明，既可作为教师和学生开展“校企合作、工学结合”人才培养模式的特色教材，又可作为各级兽医和检疫工作者、畜禽饲养者、继续教育培训及相关人员的参考书和工具书。

图书在版编目(CIP)数据

传染病实训图解/刘娣琴主编. — 北京:中国农业大学出版社,2016.3(2021.8 重印)

978-7-5655-1515-6

… Ⅱ.①刘… Ⅲ.①动物疾病-传染病-高等学校-教学参考资料 Ⅳ.①S855

本图书馆 CIP 数据核字(2016)第 027673 号

书　名　动物传染病实训图解
作　者　刘娣琴　主编

策划编辑　康昊婷　　责任编辑　洪重光
封面设计　郑　川　　责任校对　王晓凤
出版发行　中国农业大学出版社
社　址　北京市海淀区圆明园西路 2 号　　邮政编码　100193
电　话　发行部 010-62818525,8625　　读者服务部 010-62732336
　　　　编辑部 010-62732617,2618　　出　版　部 010-62733440
网　址　http://www.cau.edu.cn/caup　　E-mail cbsszs @ cau.edu.cn
经　销　新华书店
印　刷　涿州市星河印刷有限公司
版　次　2016 年 3 月第 2 版　2021 年 8 月第 2 次印刷
规　格　787×1 092　16 开本　8 印张　200 千字
定　价　29.00 元

编审人员
CONTRIBUTORS

主　编　刘娣琴（甘肃畜牧工程职业技术学院）

副主编　尹风琴（甘肃畜牧工程职业技术学院）

参　编　杨红梅（甘肃畜牧工程职业技术学院）

　　　　　张慧君（甘肃农业职业技术学院）

审　稿　王治仓（甘肃畜牧工程职业技术学院）

前言 PREFACE

为了认真贯彻落实国发〔2014〕19号《国务院关于加快发展现代职业教育的决定》、教职成〔2015〕6号《教育部关于深化职业教育教学改革全面提高人才培养质量的若干意见》《高等职业教育创新发展行动计划(2015—2018)》等文件精神，切实做到专业设置与产业需求对接、课程内容与职业标准对接、教学过程与生产过程对接、毕业证书与职业资格证书对接、职业教育与终身学习对接，自2012年以来，甘肃畜牧工程职业技术学院动物医学专业在中央财政支持的基础上，积极开展提升专业服务产业发展能力项目研究。项目组在大量理论研究和实践探索的基础上，制定了动物医学专业人才培养方案和课程标准；开发了动物医学专业群职业岗位培训教材和相关教学资源库。其中，高等职业学校提升专业服务产业发展能力项目——“动物医学省级特色专业建设”于2014年3月由甘肃畜牧工程职业技术学院学术委员会鉴定验收，此项目旨在创新人才培养模式与体制机制，推进专业与课程建设，加强师资队伍建设和实验实训条件建设，推进招生就业和继续教育工作，提升科技创新与社会服务水平；加强教材建设，全面提高人才培养质量；完善了高职院校“产教融合、校企合作、工学结合、知行合一”人才培养机制。为了充分发挥该项目成果的示范带动作用，甘肃畜牧工程职业技术学院委托中国农业大学出版社，依据国家教育部《高等职业学校专业教学标准(试行)》，以项目研究成果为基础，组织学校专业教师和企业技术专家，并联系相关兄弟院校教师参与，编写了动物医学专业建设项目成果系列教材，期望为技术技能人才培养提供支撑。

本套教材专业基础课以技术技能人才培养为目标，以动物医学专业群的岗位能力需求为导向，坚持适度、够用、实用及学生认知规律和同质化原则，以模块→项目→任务为主线，设“学习目标”“学习内容”“案例分析”三个教学组织单元，并以任务的形式展开叙述，明确学生通过学习应达到的识记、理解和应用等方面的基本要求。其中，识记是指学习后应当记住的内容，包括概念、原则、方法等，这是最低层次的要求；理解是指在识记的基础上，全面把握基本概念、基本原则、基本方法，并能以自己的语言阐述，能够说明与相关问题的区别及联系，这是较高层次的要求；应用是指能够运用所学的知识分析、解决涉及动物生产中的一般问题，包括简单应用和综合应用。有些项目的相关理论知识或实践技能，可通过扫描二维码、技能训练、知识拓展或知识链接等形式学习，为实现课程的教学目标和提高学生的学习效果奠定基础。

本套教材专业课以“职业岗位所遵循的行业标准和技术规范”为原则，以生产过程和岗位任务为主线，设计学习目标、学习内容、案例分析、考核评价和知识拓展等教学组织单元，尽可能开展“教、学、做”一体化教学，以体现“教学内容职业化、能力训练岗位化、教学环境企业化”特色。

本套教材建设由甘肃畜牧工程职业技术学院王治仓教授和康程周副教授主持，其中杨孝列、郭全奎担任《畜牧基础》主编；尚学俭、敬淑燕担任《动物解剖生理》主编；黄爱芳、祝艳华担任《动物病理》主编；冯志华担任《动物药理与毒理》主编；杨红梅担任《动物微生物》主编；康程周、王治仓担任《动物诊疗技术》主编；李宗财、宋世斌担任《牛内科病》主编；王延寿担任《猪内科病》主编；张忠、李勇生担任《禽内科病》主编；高啟贤、王立斌担任《动物外产科病》主编；贾志江担任《动物传染病》主编；刘娣琴担任《动物传染病实训图解》主编；张进隆、任作宝担任《动物寄生虫病》主编；祝艳华担任《动物防疫与检疫》主编；王选慧担任《兽医卫生检验》主编；刘根新、李海前担任《中兽医学》主编；李海前、刘根新担任《兽医中药学》主编；王学明、车清明担任《畜禽饲料添加剂及使用技术》主编；李和国担任《畜禽生产》主编；田启会、王立斌担任《犬猫疾病诊断与防治》主编；李宝明、车清明担任《畜牧兽医法规与行政执法》主编。本套教材内容渗透了动物医学专业方面的行业标准和技术规范，文字精练，图文并茂，通俗易懂，并以微信二维码的形式，提供了丰富的教学信息资源，编写形式新颖、职教特色明显，既可作为教师和学生开展“校企合作、工学结合”人才培养模式的特色教材，又可作为企业技术人员的培训教材，还可作为广大畜牧兽医工作者短期培训、技术服务和继续学习的参考用书。

《动物传染病实训图解》的编写分工为：动物传染病实训室规则、实训一至十七由刘娣琴编写，实训十八至二十一由尹风琴编写，实训二十二至二十四由杨红梅编写、实训二十五、二十六和附录一、二、三由张慧君编写。全书由刘娣琴修改定稿。

承蒙甘肃畜牧工程职业技术学院王治仓教授对本教材进行了认真审定，并提出了宝贵的意见；编写过程中得到编写人员所在学校的大力支持，在此一并表示感谢。作者参考的著作及有关资料，不再一一述及，谨对所有作者表示衷心的感谢！

由于编者初次尝试“专业建设项目成果”系列教材开发，时间仓促，水平有限，书中错误和不妥之处在所难免，敬请同行、专家批评指正。

编写组

2015 年 12 月

目录 CONTENTS

动物传染病实训室规则

在动物传染病实训中，可能接触病原微生物，如果操作不慎可造成实训室污染甚至人员的感染，因此，要求实训者必须严格遵守实训室规则，认真进行操作，防止发生意外事故。

1. 实训前必须认真预习实训内容，明确实训目的，熟悉实训步骤。

2. 进入实训室必须穿戴工作衣帽，必要时佩戴乳胶手套，如沾有可传染的材料，应脱下用消毒液浸泡过夜或高压灭菌后洗涤。

3. 禁止在实训室内饮食、抽烟及用嘴湿润笔和标签等（图 1 至图 3），不得高声谈笑或随便走动，要认真操作和观察，详细记录实训结果，必要时画图。

4. 牢固树立无菌操作的观念，用过的培养物、病料、实训动物及器材，均需放入指定的消毒容器内消毒或灭菌容器内灭菌，禁止随意乱放或用水冲洗。

5. 实训过程中发生差错或意外事故时，禁止隐瞒或自作主张不按规定处理，应立即报告指导老师进行正确的处理。如有传染性的材料污染桌面、地面等，应立即用消毒液浸泡污染部位，作用 5～10 min 后方可抹去。如手被活菌污染也应使用消毒液浸泡数分钟后，再用自来水反复冲洗干净。

6. 爱护室内仪器设备，严格按操作规则使用。节约水电和实训材料，若不慎损坏了器材等，应主动报告指导老师进行处理。

7. 实训完毕，应将桌面整理清洁，实训室打扫干净，最后洗手消毒（图 4）后，方可离开实验室。

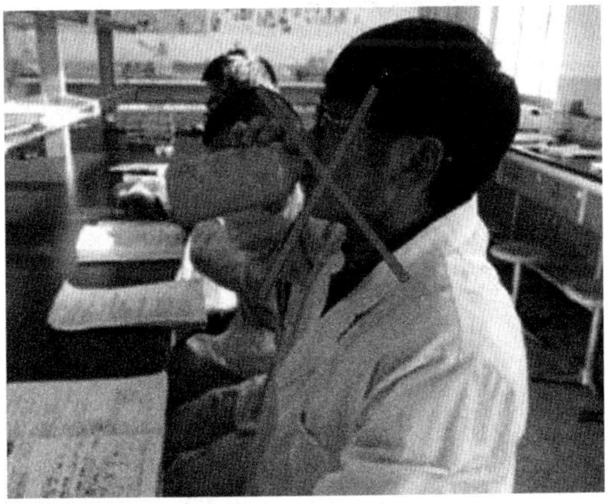

图 1　禁止喝水

图 2　禁止吃东西

图 3　禁止吸吮笔头

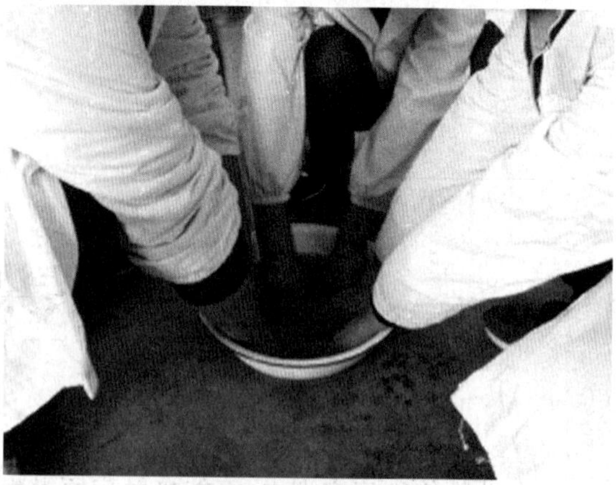

图 4　消毒液洗手

实训一

动物传染病疫情调查分析

【实训目标】

会拟订疫情调查报告；会实施调查。

【材料准备】

动物疫情调查表，某地、某动物养殖场或养殖专业户的疫情资料。

【方法步骤】

本实训也可安排在岗前实训中进行。

(一)动物传染病疫情调查的内容

1. 调查地点

疫点、疫区的名称及地址。

2. 疫点、疫区的一般情况

具体包括养殖场或养殖户的地理位置、地形特点、气象资料（季节、天气、降水量等），畜牧兽医技术力量和水平，动物的种类、品种、数量和用途，该养殖场或养殖户与邻近居民点在业务上的联系。

3. 疫点、疫区的卫生状况

包括动物的饲养管理；畜舍的卫生状况；畜舍的尘埃、有害气体状况；邻近地区的卫生状况；饲料的品质、来源、保藏、调配和饲喂的方法；水源、水质的状况；放牧地的状况；昆虫和蜱的活动情况，畜舍内有无啮齿动物；预防消毒和一般预防措施的执行情况；尸体的处理、利用和毁灭的方法，有无专用运尸车；尸体发酵坑和废物利用场的位置，其设备和卫生状况，兽医监督等；有无检疫室、隔离室、屠宰场、产房等专用场所以及卫生状况；污水的处理及排放情况。

4. 一般流行病学资料

包括疫点或疫区补充动物的情况，是否遵守防疫、检疫制度；是否从该场运出动物及其产品，运往何处（包括种类及数量）；该养殖场或养殖户有无发病史，何时患过传染病、寄生虫病，发病率和死亡率大小（正确地指出病名），在所调查的疫病发生之前，何时登记最后一个传染病、寄生虫病的病例；邻近地区的疫情。

5. 本次疫病流行过程的状况

包括诊断结果(病名、确诊日期、确诊人);所采用的诊断方法;鉴别诊断;更正诊断日期,兽医师姓名及所属单位;发生第一批病例的时间;该养殖场、养殖户或邻近地区是否发生过此病或类似的病(发生的时间、传播速度、流行情况、所采取的措施);关于传染来源、传播途径、有利于传播的条件等的推测(饲料、水源、放牧地,尸体处理不当,昆虫、蜱、鼠的活动,由不安全的地方经动物、饲料、畜产品等传来);疫病的流行动态(按群、舍、动物饲养的不同情况,分别记载发病日期,患病头数);临床主要表现;尸体剖检情况;隐性传染病畜的数目(按细菌学、血清学、变态反应等检查的资料);按日、月登记发病数;患病动物及死亡动物的总头数(计算畜群的发病率、死亡率、致死率);已采取的措施及其效果(表 1-1)。

表 1-1 流行病学调查表

数量单位:头(只)　　　　日期:

病名	地点	当月存栏数	当月出栏量	发病数			死亡数			死亡率			扑杀数		
				总数	规模场	散养户	总数	规模场	散养户	总数	规模场	散养户	总数	规模场	散养户

调查者签名:

调查的日期:

6. 补充资料

执行和解除封锁的日期,封锁规则有无破坏,最终采取什么措施。

7. 结论与建议

对本次调查进行总结,提出建议,并写出调查报告。

(二)动物传染病疫情调查材料的初步整理

由于调查所获得的原始材料只是一些数字,并且复杂紊乱,很难说明问题,必须将其整理成系统的资料,再进一步研究和处理。

1. 依次表

统计处理的第一步,是将原始数字由小到大,按顺序排列成一个依次表。此排列方法称为整列。由依次表可以看出数字大概变异的情形。最小数与最大数之差称为"全距"。全距愈大,表示变异愈大,反之则表示变异愈小。这种方法最粗放,一般用于小样本得到的少数(10～30)数字的材料。

例:某地 10 个猪群猪瘟的发病头数分别是 9,11,10,9,12,13,11,12,10,11 头。排列成依次表为:9,9,10,10,11,11,11,12,12,13,其全距为 13－9＝4。

2. 次数分布表

用于大样本数字资料的整理。方法是按数字的大小分组。在某一限度之内的归为一组。然后按每组的次数排列成表。所谓次数(一般以 f 表示)是在各组中变数(一般以 x 表示)出现的次数。

对于非连续性变数,并且变异范围较小的样本,可以采用其自然单位进行分组。

例:40 个村猪瘟的发病头数为 7,10,12,10,11,13,10,8,10,12,9,11,10,7,12,11,10,11,13,10,10,14,10,11,12,11,9,13,10,10,8,10,14,11,12,12,11,10,12,13。

将这些数字整理成次数分布表时,首先检查所有变数中每村发病数最小为 7 头,最多为 14 头,将以上发病头数按数序排列,并画记其村次数(表 1-2)。

表 1-2 次数分布表

变数(x)/头	画记	次数(f)/次
7	+	2
8	+	2
9	+	2
10	+++++++−	13
11	++++	8
12	+++−	7
13	++	4
14	+	2

3. 次数分布图

调查数字的分布情形,尚可用图解法表示。次数分布图可使他人对于所记载的事实获得一个清楚的概念。

(1)一般条图 表示变量(指标的参数)之间对比、变异和构成。以同样宽的直条长度表示事物的数量多少,可以对比,用绝对数与相对数均可。绘图时要注意各直条宽度及各直条间的间隔要相等,间隔的宽度约为直条宽的 1/2 至与直条宽相等(图 1-1)。

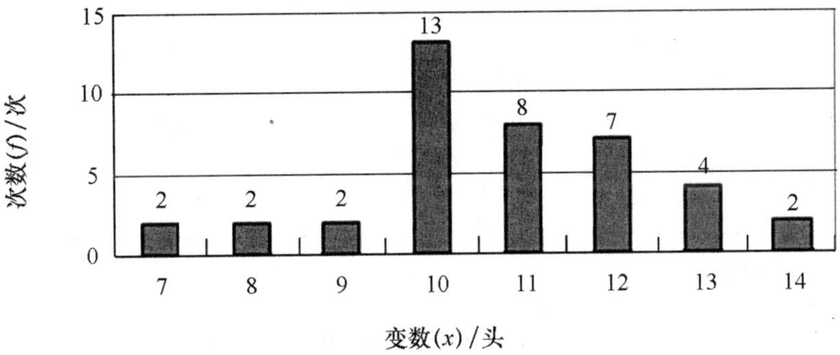

图 1-1 次数分布条形图

(2)圆面图 又称饼形图,以圆面内所占部分大小,说明事物总体的构成(图 1-2)。绘图时以全面积为 100%,每 3.6°的面积为 1%。可以用次数的百分数乘以 3.6°,即可知该数所占角的面积,用量角器绘制。各部分面积的排列按顺时针方向依次排列,从 12 时处开始,圆内各部分应标明百分数。如将两种相似的资料对比时,应取直径相同的圆,且圆内各部分排列次序亦应一致。

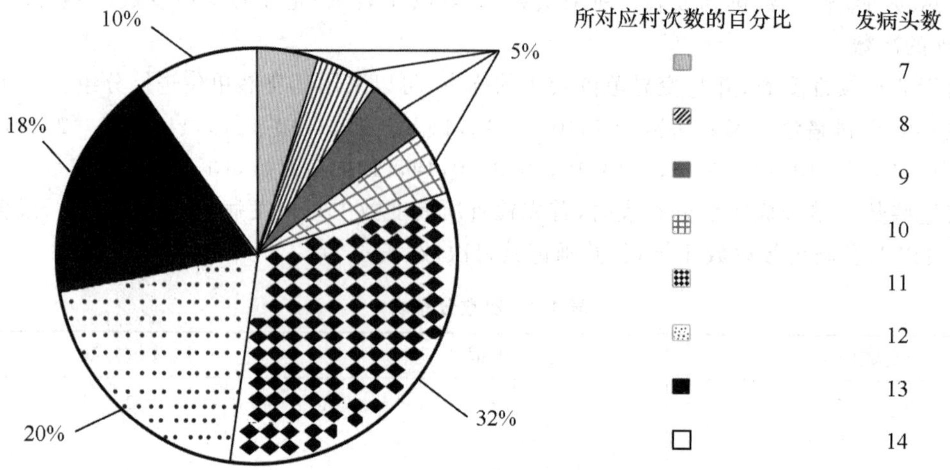

图 1-2　次数分布饼形图

4. 统计表

根据整理和计算得出的数量结果(统计指标),例如各组的均数或百分数,可以用表格的形式表达出来,以便资料的内容一目了然,易于比较。统计表一般包括有表号、表目(标题)、表身、说明或脚注等部分。表头指表上端两横线之间部分,由文字排成若干列,最左侧一列为主词所在位置,右侧各列为宾词——纵标目所在位置;表身指表头两横线以下的部分,其最左侧为体现主词即被说明事物特征的所在位置——横标目,其右侧为体现宾词特征的统计指标,填写统计指标的方格总称表体;说明或脚注(包括资料来源)放在最下方横线的下边(图 1-3)。

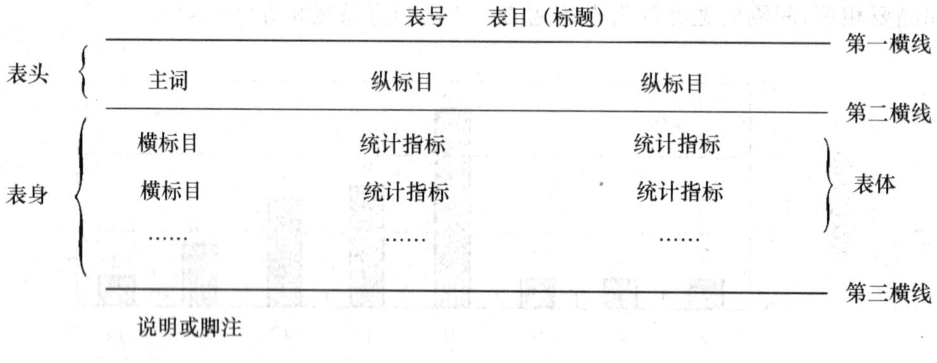

图 1-3　统计表式样

例如,猪传染性胃肠炎发病率和死亡率统计表中(表 1-3),(1)为主词,(2)为宾词,(3)为横标目,(4)为纵标目,(5)为表体中的统计指标。

表 1-3 ____年各类猪传染性胃肠炎发病率和死亡率统计表

类别(1)	总头数(2)(4)	发病(2)		死亡(2)	
		头数(4)	%(4)	头数(4)	%(4)
种公猪(3)	125(5)	11(5)	92(5)	0(5)	0(5)
经产母猪(3)	795(5)	685(5)	86(5)	0(5)	0(5)
后备母猪(3)	325(5)	275(5)	84(5)	0(5)	0(5)

设计表格时要注意以下几点：

(1)内容要简明,内容众多的表格分为若干个小表,表要具有自明性。

(2)标题要明确,要包括何事、何时、何地。

(3)统计指标的单位一律附于标目之后,表体方格内不再写单位,只写阿拉伯数字,较复杂的单位可在脚注中加以说明。

(4)表内尽量少用线条,最基本的线是三条线。

(5)表中尽量少用文字说明,必要时可在欲说明处的右上角加星号,然后在表格底下加脚注(用同样星号)说明。

实训二

动物传染病防疫计划的编制

【实训目标】

通过实训使学生初步掌握动物传染病防疫计划的编制方法。

【材料准备】

(1)流行病学调查资料。

(2)预防接种计划表,检疫计划表,生物制剂、抗生素及贵重药品计划表,普通药械计划表,动物免疫程序和药物预防程序计划表。

【方法步骤】

(一)动物养殖场防疫制度的制定

1.制定防疫制度的意义

制定防疫制度是动物防疫规范化管理的要求。严格的制度是防疫计划实施的重要保障,是动物安全生产,防止疫病发生,获得更大经济效益的重要措施。

2.防疫制度编写的内容

大型动物养殖场综合性防疫制度编写的内容包括以下方面:

(1)场址选择和场内布局

①场址选择:地形、地势、周围环境等。

②场内布局:生产区、管理区、生活区等。

(2)饲养管理

①饲料、饮水符合卫生标准和营养标准。

②补充饲料、饲草。

③采用全进全出的饲养方式:整批动物的全进全出;分小区全进全出。

(3)检疫

①种用动物引进或补充畜群时在产地采购时检疫。

②动物进场后的隔离检疫。

③动物在饲养过程中的定期检疫。

(4)消毒

①消毒池的设置,消毒药品的采购、保管和使用。

②生产区环境消毒。

③动物圈舍消毒和畜体消毒，产房、孵化室、育雏室消毒。

④粪便清理和消毒。

⑤人员、车辆、用具消毒。

(5)预防接种和驱虫

①疫苗和驱虫药的采购、保管、使用。

②动物疫病的免疫程序、免疫检测。

③免疫执照管理。

④舍饲、放牧动物的驱虫时间、驱虫效果。

⑤实验室工作。

⑥疫情报告。

⑦染疫动物及其排泄物、病死或死因不明的动物尸体处理。

⑧灭鼠、杀虫，禁止养犬、猫。

⑨谢绝参观和禁止外人进入。

3. 防疫制度编制注意事项

(1)防疫制度的内容要具体、明了，用词准确　如"猪场入口处设立消毒池""场内禁止养犬、猫""利用食堂、饭店等餐饮单位的泔水做饲料必须事先煮沸""购买饲草、饲料必须在非疫区"。

(2)防疫制度要贯彻国家有关法律、法规　如动物防疫法中规定实施强制免疫的动物疫病、疫情报告，染疫动物及其排泄物、病死或死因不明的动物尸体的处理必须列入制度内。

(3)根据生产实际编制防疫制度　大型动物养殖场应当制定本场综合性的防疫制度，规范全场防疫工作。场内各部门可根据部门工作性质，编写出符合部门实际的防疫制度，如化验室防疫制度、饲料库防疫制度、诊疗室防疫制度、孵化室防疫制度等。制度经过讨论确定后，必须严格执行。

(二)动物养殖场防疫计划的编制

1. 防疫计划编制的范围

大型动物养殖场防疫计划编制的范围，包括一般的动物疫病预防、某些慢性疫病的检疫及控制、遗留疫情的扑灭等项工作。

2. 防疫计划编制的内容

综合性防疫计划编制的内容包括基本情况，预防接种，诊断性检疫，兽医监督和兽医卫生措施，生物制品和抗生素贮备、耗损及补充计划，普通药械补充计划，防疫人员培训，经费预算等。各动物养殖场可根据本场实际需要制订综合或单项防疫计划。本实训就综合性防疫计划阐述如下：

(1)基本情况　简述该养殖场与流行特点有关的自然因素和社会因素；动物种类、数量，饲料生产及来源，水源、水质，饲养管理方式；防疫基本情况，包括防疫人员、防疫设备、是否开展防疫工作等；本养殖场及其周围地带目前和最近两三年的疫情，对来年疫情的估计等。

(2)预防接种计划　应根据动物养殖场及其周围地带的基本情况来制订，对国家规定或本地规定的强制性免疫的动物疫病，必须列在预防接种计划内。预防接种计划表式样见表2-1。

表 2-1 ________年预防接种计划表

单位名称：　　　　　　　　　　　　　　　　　　　　　　　　　　　　　　第　页

接种名称	畜别	应接种头数	计划接种头数				
			第一季度	第二季度	第三季度	第四季度	合计

(3)诊断性检疫计划表　式样见表 2-2。

表 2-2 ________年检疫计划表

单位名称：　　　　　　　　　　　　　　　　　　　　　　　　　　　　　　第　页

检疫名称	畜别	应检疫头数	计划检疫头数				
			第一季度	第二季度	第三季度	第四季度	合计

(4)兽医监督和兽医卫生措施计划　包括消灭现有疫病和预防出现新疫病的各种措施的实施计划，如改良畜舍的计划；建立隔离室、产房、消毒室、药浴池、贮肥池等的计划；加强对养殖场动物饲养全过程的防疫监督，加强对养殖人员的防疫宣传教育工作。

(5)生物制剂和抗生素及贵重药品计划表　式样见表 2-3。

表 2-3 ________年生物制剂和抗生素及贵重药品计划表

单位名称：　　　　　　　　　　　　　　　　　　　　　　　　　　　　　　第　页

药剂名称	计算单位	全年需要量					库存情况		需要补充量				
		第一季度	第二季度	第三季度	第四季度	合计	数量	失效期	第一季度	第二季度	第三季度	第四季度	合 计

制表人________　　　　审核人________　　　　年　月　日

(6)普通药械计划表　式样见表 2-4。

表 2-4 ________年普通药械计划表

单位名称：　　　　　　　　　　　　　　　　　　　　　　　　第　页

药械名称	用途	单位	现有数	需补充数	要求规格	代用规格	需要时间	备注

(7)防疫人员培训计划　培训的时间、人数、地点、内容等。

(8)经费预算　也可按开支项目分季列表表示。

3. 防疫计划编制注意事项

(1)编好"基本情况"　防疫计划中的基本情况是整个计划制订的依据。预防接种计划、检疫计划等都是根据基本情况提供的资料制订的；而生物制剂、抗生素、贵重药品计划，普通药械计划及经费预算又是依据预防接种和检疫、监督等计划而制订。因此，要编好"基本情况"，还要求编制者不仅熟悉本场一切情况，包括现在和今后发展情况，如养殖规模扩大等，更要了解养殖场所在区域与流行病学有关的自然因素和社会因素，特别要明确区域内疫情和本场应采取的对策，为制订具体计划奠定基础。

(2)防疫人员的素质　在制订防疫计划时，要充分考虑场内防疫人员的力量、技术水平，不要把经过努力仍不能办到的事情列入计划。但应根据实际需要对防疫人员进行防疫知识、技术和法律、法规培训，以提高动物防疫人员的素质。条件具备的养殖场，可利用计算机等现代设备，模拟各种情况下的防疫演习，特别是发生疫情时的扑灭疫情演习，使防疫人员掌握防疫各环节的要领和要求。防疫人员的培训应纳入防疫计划中。

(3)防疫计划要符合经济原则　制订防疫计划，要考虑养殖场经济实力，避免浪费，如药品器械计划，对一些用量较大的，市场供应紧缺、生产检验周期长以及有效期长的药品和使用率高的器械，适当多做计划，尽量避免使用贵重药品和器械。

(4)计划制订要有重点　根据养殖场技术力量、设备等实际条件，结合防疫要求，将有把握实施的措施和国家重点防治的疫病作为重点列入当年计划，次要的可以结合平时工作来实施。

(5)应用新成果　制订计划要考虑科研成果的应用，但不能盲目。市场上新型广谱消毒药、抗寄生虫药种类繁多，对那些效果良好又符合经济原则的，应体现在计划中。

(6)防疫时间的安排要恰当　平时的预防必须考虑到季节性的生产活动和疫病的特性，既避免防疫和生产冲突，也要把握灭病的最佳时期。如预防牛、羊肝片吸虫病，在牧区，每年春季先驱虫，再放牧，既起到防治作用，又便于处理粪便；防止粪中的虫卵污染草地，扩散病原。秋收后再驱虫，保证牛、羊安全过冬。

防疫计划制订后要经过讨论并广泛征求意见，确定后要按计划实施防疫。

实训三

常用仪器的使用

【实训目标】

通过实训使学生学会使用传染病实训室各种常用仪器。

【材料准备】

电热恒温培养箱、电热干燥箱、高压蒸汽灭菌器、电冰箱、电动离心机。

【方法步骤】

(一)电热恒温培养箱(又称温箱)

主要用于细菌等微生物的培养和某些血清学试验的维温。

1. 电热恒温培养箱的构造

主要由箱体、电热丝、温度调节器等构成(图 3-1)。

(1)箱体

①箱壁:外夹层中大多填充玻璃纤维或石棉等隔热材料,内夹层为空气对流层。

②箱门:外门用于隔热保温,内门为玻璃门,用于减少热量散失、便于观察。

③恒温室:内有 2～3 层网状搁架,用于放置物品。

④进气孔:在箱体的底部和顶部各有一进气孔。

⑤排气孔:位置与进气孔的一致,其中央插有一支温度计,以指示箱内温度。

⑥侧室:在箱体的左边,安装有开关、指示灯、温度控制器等电器元件。

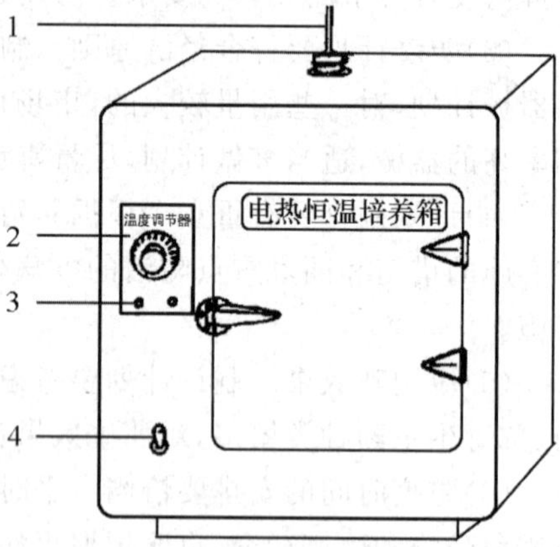

图 3-1　电热恒温培养箱模式图

1. 温度计　2. 温度调节器
3. 指示灯　4. 开关

(2)电热丝　通常由 4 根电热丝并联而成,安装于底部夹层。

(3)温度调节器　感温部分从左侧壁的上部伸入恒温室内,控制恒温室的温度。

2. 电热恒温培养箱的使用方法

插上电源插头，开启电源开关，绿色指示灯明亮，表明电源接通，然后把温控仪上的温度调节旋钮旋至所需温度刻度处，此时红灯亮，箱内开始升温，待红绿灯交替发亮时，工作室的温度达到设定状态，进入正常的工作（近几年销售的温箱，有的红绿灯亮的意义恰好和上述情况相反，请参看使用说明书）。

3. 电热恒温培养箱的使用注意事项

(1)温箱必须放在干燥平稳的地方。

(2)使用时，随时注意温度计的指示温度是否与所需温度相同。

(3)除了取放培养物开启箱门外，尽量减少开启次数，以免影响恒温。

(4)工作室内隔板放置实验材料不宜过重过密，以防影响热空气的对流。底板为散热板，其上勿放实验物品。

(二)电热干燥箱(又称烘箱或烤箱)

主要用于玻璃器材、金属器械的干热灭菌。

1. 电热干燥箱的构造

电热干燥箱的外形结构(图 3-2)、内部构造和恒温箱的相似，主要由箱体、电热器和温度控制器 3 部分组成，常用灭菌温度为 160℃，维持 1～2 h。

图 3-2　电热干燥箱

2. 电热干燥箱的使用方法

插上电源插头，开启电源开关，然后把温控仪上的温度调节旋钮旋至所需温度刻度处，此时红灯亮，箱内开始升温，待红灯灭时，工作室的温度达到设定状态，进入正常的工作，若温度低于设定温度时，红灯亮。

3. 电热干燥箱的使用注意事项

(1)待灭菌的玻璃器材电热干燥箱必须充分干燥，否则耗电过多，灭菌时间长，且玻璃器材有破裂的危险。

(2)灭菌时，关门加热应开启箱顶上的排气孔活塞，使冷空气排出，待升至 60℃时，关闭活塞。

(3)灭菌温度为 160℃，不要超过 180℃，否则棉花及纸将被烧焦，如果箱内冒烟，应立即切断电源，关闭排气孔，箱门四周用湿毛巾堵塞，杜绝氧气进入，火则自熄。

(4)灭菌后必须等箱内温度下降至 60℃或与外界温度差不多时，方可打开箱门，否则冷空气突然进入，玻璃器材极易破裂，且有引起纸和棉花起火的危险，另外箱内的热空气溢出，易导致操作者皮肤灼伤。

(5)箱内物品放置不宜过紧，否则灭菌效果不良，且易引起危险。

(6)若仅需达到干燥目的，可一直开启排气孔活塞，温度只需 60℃左右即可。

(三)高压蒸汽灭菌器

有手提式高压蒸汽灭菌器和全自动高压蒸汽灭菌器两种，常用于培养基、溶液、玻璃器材、敷料、工作服、纱布、小实验动物尸体等的灭菌。

1. 手提式高压蒸汽灭菌器

(1)手提式高压蒸汽灭菌器的构造　具有锅炉状双层金属圆筒，其外形结构如图 3-3，图 3-4 所示。

①外筒：外面坚硬的金属圆筒，用于盛水，桶内有金属支架，其边缘附有 6 个螺栓，以紧闭灭菌器，使蒸汽不能外溢。

②内筒：里面的金属圆筒，用于盛放灭菌物品，侧壁有一排气软管插槽，内有一金属隔板，隔板上有许多小孔，使蒸汽流通。

③金属盖：坚硬的金属厚盖，其上有压力表、温度计、安全阀、放气阀(连接排气软管)、6 个螺栓槽。

④提手：用于提放高压蒸汽灭菌器。

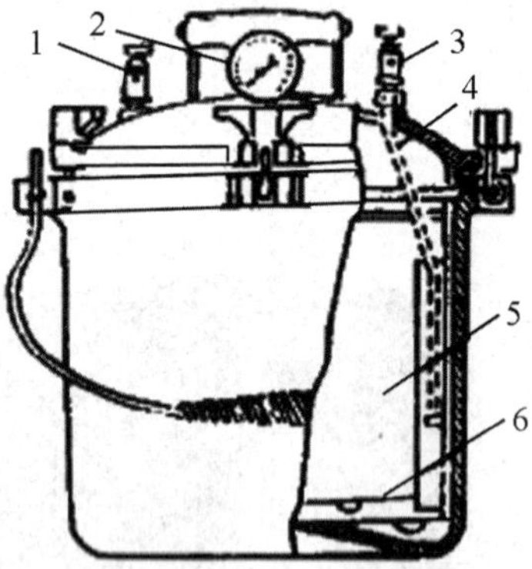

图 3-3　手提式高压蒸汽灭菌器结构

1. 安全阀　2. 压力表　3. 放气阀
4. 放气软管　5. 内筒　6. 筛板

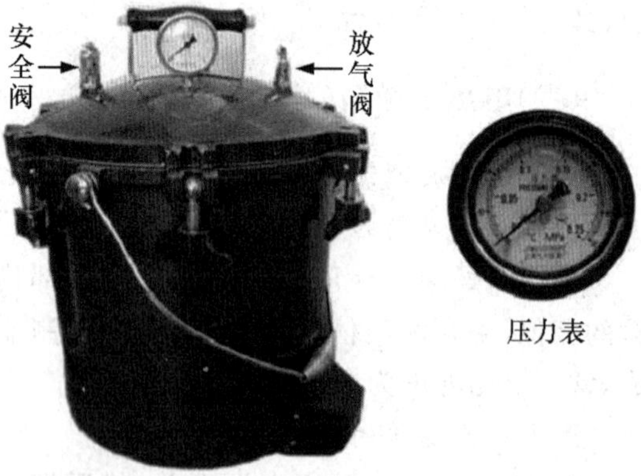

图 3-4　手提式高压蒸汽灭菌器外形

(2)手提式高压蒸汽灭菌器的使用方法

①在外筒内加适量的水，使水面略低于金属支架，然后放入内筒，并将灭菌物品放入内筒。盖锅盖时，必须将排气软管插入内筒的管槽中，盖好后，对称地扭紧 6 个螺旋，关闭安全阀和放气阀。

②加热使锅内产生蒸汽，当压力表指针达到 0.05 MPa 时，打开放气阀，将冷空气排出，此时压力表指针下降，当指针下降至零时，关闭放气阀。继续加热，锅内蒸汽增加，压力表指针又上升，当锅内压力增加到 0.105 MPa，温度达到 121.3℃时，将火力减小，使蒸汽压力维持在 0.105 MPa，维持 20～30 min。

③灭菌完毕，停止加热，待压力表的指针自动降到零位后，再慢慢打开放气阀，然后才能开盖取物。

④灭菌结束后，可放出或倒出灭菌器内的水，并擦干净。

(3)手提式高压蒸汽灭菌器的使用注意事项

①内筒中需灭菌的物品放置不宜过密过高，以防止影响蒸汽流通和压碎玻璃器皿。

②螺栓必须对称均匀旋紧，以免漏气，影响灭菌效果。

③排气时，必须将冷空气充分排除，否则锅内温度达不到规定温度，会影响灭菌效果。

④为达到彻底灭菌的目的，灭菌时间和压力必须准确可靠，因此操作人员不能擅自离开。

⑤灭菌完毕后，不能直接放气减压，否则瓶内液体会剧烈沸腾，冲掉瓶塞而外溢甚至导致容器爆裂，因此，须待灭菌器内压力降至与大气压相等后才可开盖。

2. 全自动高压蒸汽灭菌器

微电脑全自动控制的高压蒸汽灭菌器，只需放去冷气，仪器可自动恒压定时，时间一到则自动切断电源并鸣笛，使用起来很方便。

(1)全自动高压蒸汽灭菌器的构造(图 3-5)

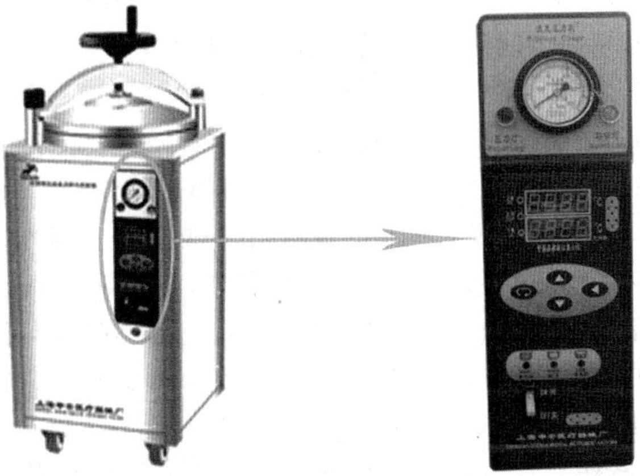

图 3-5　全自动高压蒸汽灭菌器

①本器外壳呈立方形，主体选用不锈钢材料精制而成。

②主体上部装有安全阀、放气阀，安全阀压力超过 0.14 MPa 后能自动起跳，释放过高的压力，性能可靠。放气阀灭菌前可排放冷空气，灭菌终了时进行上排气。

③不锈钢灭菌框，适用器械、器皿、敷料和培养基等物品的堆放。

④内部装有压力控制器，当锅内压力超过 0.175 MPa 时，控制器能自动切断加热电源，停止升压，确保安全。

⑤底部装有下排气阀，灭菌终了时使用下排气阀(图 3-6)，可使灭菌物品干燥更彻底。

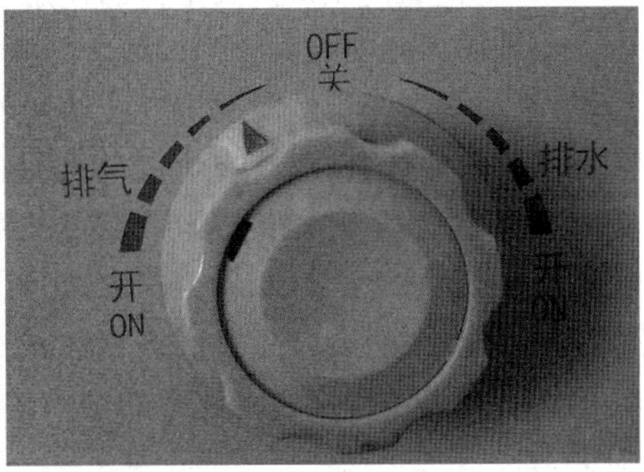

图 3-6　下排气阀

⑥本灭菌器上部装有双刻度压力表，具有压力、温度两类读数，数据指示清晰。

⑦控制面板上具有温度、时间设定及指示灯显示工作状态。

(2)全自动高压蒸汽灭菌器的使用方法

①开盖：向左转动手轮数圈，直至转到顶，使锅盖充分提起，拉起左立柱上的保险销，推开横梁，移开锅盖。

②通电：接通与本器标牌一致的电源，将控制面板上的电源开关按至 ON 处，此时欠压蜂鸣器响，显示本机锅内未加压(当锅内压力升至约 0.03 MPa 时蜂鸣器自动关闭)，控制面板上的缺水位灯和低水位灯均亮。低水位灯(LOW 红灯)亮，显示蒸锅内属断水状态；缺水位灯(LACK 黄灯)亮，显示电源已正常输入本机。

③加水：开启锅盖后，将纯水或生活用水直接注入蒸锅内约 8 L，同时观察控制面板上的水位灯，当加水至低水位灯（LOW 红灯）和缺水位灯（LACK 黄灯）相继灭，应继续加水至高水位灯（HIGH 绿灯）亮时方可停止加水（每次使用前均需补足上述水位）。当加水过多发现内胆中有存水时，应开启下排气阀放去内胆中的多余水量。

④堆放：将包扎好的灭菌物品（体积一般不要超过 200 mm×200 mm×100 mm 为宜）依次堆放在灭菌筐内，各包之间应该留有一定的间隙，这样有利于蒸汽的穿透，提高灭菌效果。堆放灭菌包时应注意安全阀放气孔的位置，不许任何物品堵塞放气孔，必须保障其畅通放气，否则因安全阀气孔堵塞未能泄压，易造成锅体爆炸事故。

⑤将横梁推向左立柱内：横梁必须全部推入立柱槽内，以确保手动保险销自动下落锁住横梁。将手轮向右旋转数圈，使锅盖向下压紧锅体，加力使锅盖与锅体充分密合，以确保密封开关处于接通状态。当联锁灯（绿灯）亮时，显示容器密封到位。

⑥设定温度与时间：操作前观看控制面板结构图，然后进行操作。通电后控制面板上的数显窗灯亮，上层红色的数显可阅读温度及工作状态，下层绿色的数显是设定温度时间用的，温度有效可调范围为 50～128℃，当超出范围，将由安全阀控制灭菌室内的泄压及恒温。时间可调范围为 0～99 h（实际有效时间将根据蒸锅内水位高低而定），时间运行采用倒计时形式，当灭菌室内达到设定的温度，计时器才开始倒计时。

⑦灭菌：通电后，待压力升到 0.05 MPa 时，打开放气阀放气，待水蒸气从放气阀均匀冒出时，表示锅内冷空气已排尽，然后关闭放气阀继续加热，灭菌室内达到设定的温度，计时器开始倒计时，时间结束后自动停止工作。

⑧干燥：物品灭菌后需要迅速干燥，须打开安全阀或将排气排水阀向左旋转至“ON”位置，让灭菌器内的蒸汽迅速排出，使物品上残留的水蒸气快速挥发。灭菌液体时严禁使用改造方法，否则会导致液体沸腾使玻璃容器爆裂，造成不必要的损失。

⑨启盖：向左转动手轮数圈，直至转动到顶，使锅盖充分提起，拉起左立柱上的保险销，推开横梁移开锅盖，即可取出灭菌物品。

(3)全自动高压蒸汽灭菌器的使用注意事项

①堆放灭菌物品时，严禁堵塞安全阀和放气阀的出气孔，必须留出空位保证其空气畅通，否则安全阀和排气阀因出气孔堵塞不能工作，会造成容器爆裂事故。

②灭菌液体时，应将液体灌装在硬制的耐热玻璃瓶中，建议盛液量不超过容器容积的 3/4，瓶口应选用棉花纱塞，切勿使用未打孔的橡胶塞或软木塞。特别注意：针对液体灭菌，在灭菌结束时，不准立即释放蒸汽，必须待压力表指针回归零位方可排放余气，否则，会导致液体沸腾使玻璃容器爆裂，造成不必要的损失。

③针对灭菌指标要求不同的物品，如敷料和液体等，切勿同时放在一起灭菌，以免造成损失。

④灭菌终了时，若压力表指针已回归零位，而锅盖不易开启时，可将放气阀置于放气位置，使外界空气进入灭菌器内，真空消除后，锅盖即可开启。

⑤压力表使用日久后，压力指示不正确或不能回复零位，应及时予以检修，平时应定期与标准压力表相对照，若发现有偏差，应换上合格的新表。

⑥经常保持设备的清洁和干燥可延长其使用寿命，橡胶密封圈使用日久会老化，应定期更换。

(四)电冰箱

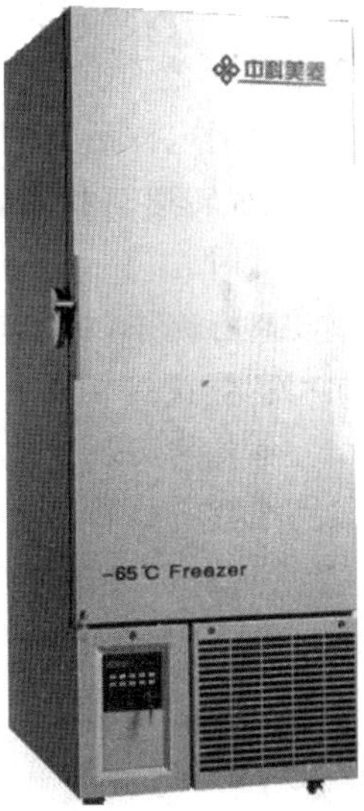

图 3-7 低温冰箱

电冰箱分为普通冰箱和低温冰箱,前者冷藏室温度在 0～5℃,冷冻室内温度达 - 20℃;后者的温度可达 - 90～ - 50℃(图 3-7)。冰箱主要用于保藏菌种、血清、培养基及其他生物制品。

1. 电冰箱的构造(以单门电冰箱为例)

电冰箱主要由箱体、内胆、制冷系统、自动控制系统和附件等部分构成。

(1)箱体 外壳多用 0.5 mm 左右的冷轧钢板制作,经磷酸化处理后,表面喷漆或喷塑。

(2)内胆 用丙烯腈-丁二烯-苯乙烯工程塑料板或改性聚苯乙烯塑料板等制成。隔热材料常用聚氨酯泡沫塑料、玻璃纤维等,填充在外壳和内胆之间。箱门四周和箱体之间用磁性门封密封。

(3)制冷系统 由压缩机、冷凝器、蒸发器、毛细管节流器组成,是一个封闭的循环系统,主要起制冷作用。

(4)自动控制系统 用于控制箱内温度,保证安全运转及自动除霜等。

2. 电冰箱的使用方法

①电冰箱的电源电压一般为 220 V,如不符合,须另装稳压器。

②通电后,检查箱内的照明灯是否明亮,机器是否运转。

③使用时,在冷冻室放置冰盒盛水 3/4,将温度调节器调至一定刻度(冷冻室温度 0℃以下,冷藏室温度 4～10℃)。

④冷冻室冰霜较厚时,按化霜按钮或切断电路,进行化霜,融化后清洁整理,并晾干。

3. 电冰箱的使用注意事项

①电冰箱应放置在干燥通风处,避免日光照射,远离热源,离墙 10 cm 以上,以保证对流,利于散热。

②调节温度时,不能一次调得过低,以免冻坏箱内物品,应分次调整。

③箱内存放物品不宜过挤,以利于冷空气的对流,使箱内温度均匀。

④箱内一定要保持清洁干燥,如有霉菌生长,应切断电源,取出物品,经福尔马林熏蒸消毒后,方可使用。

⑤清洁时,要用软毛巾蘸温水或中性清洁剂擦洗,严禁用牙膏、酒精擦洗。

(五)电动离心机

常用于沉淀细菌、血细胞,分离血清等。

1. 电动离心机的构造

主要由底座和容器室组成(图 3-8)。底座内有电动机和转速调节器,后者可通过旋钮或手柄调节电阻值控制电动机转速;容器室内有转盘,它是固定在电动机上用于放置离心套管的装置。

2. 电动离心机的使用方法

①将离心机置于平稳坚固的台面上。平衡离心的对称重量(包括离心管及套管)后,放入离心机转盘内,并盖上离心机的盖子。

②接通电源后,将开关拨向"开"位置,再缓慢移动调速旋钮,视转速表指示,调到所需转速位置,待转速稳定则开始计时。

③离心完毕,将调速器旋钮缓慢退回原位,再将开关拨向"关"位置。

图 3-8 离心机

3. 电动离心机的使用注意事项

两个盛有材料的离心管及套管一定要放在天平上平衡,然后再对称放在离心机中。

实训四

显微镜油镜的使用及细菌形态结构的观察

【实训目标】

使学生学会使用和保养显微镜。

【材料准备】

显微镜、香柏油、擦镜剂、擦镜纸、细菌染色标本片。

【方法步骤】

(一)显微镜油镜的使用和保养

1. 油镜的识别

物镜镜头上标有 100×或 90×的字样,而且镜头较长,有特殊标记(oil)。

2. 油镜的使用

①用低倍镜对光,将低倍镜旋转至正下方,用反光镜调节视野亮度,光线弱时用凹面镜,光线强时用平面镜(图 4-1)。

②将油镜镜头旋转至正下方(图 4-2)。

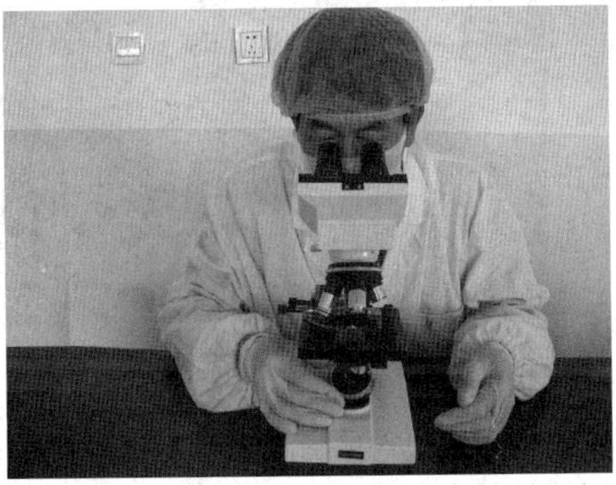

图 4-1　调节视野亮度

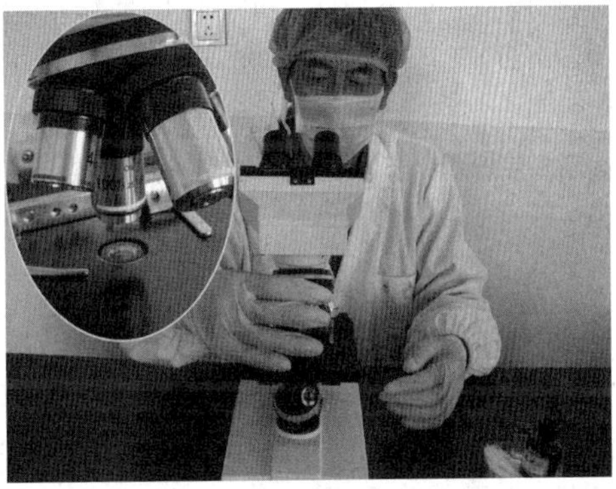

图 4-2　油镜镜头转至正下方

③在标本片上欲检位置(染色区域)滴加香柏油 1～2 滴(香柏油不涂开)(图 4-3)。

④将标本片置载物台上(图 4-4),压片夹固定,并用推进器将油滴部位推至通光孔正上方(图 4-5)。

⑤眼睛从镜筒右侧注视油镜镜头，双手小心转动粗调螺旋，使载物台升起（有些显微镜是下降镜筒），直至油镜镜头浸没油中，几乎与玻片接触，但不要碰到载玻片（图 4-6）。

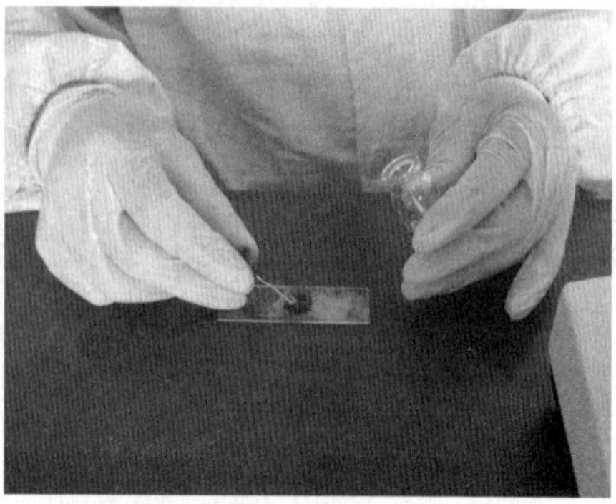

图 4-3　滴加香柏油

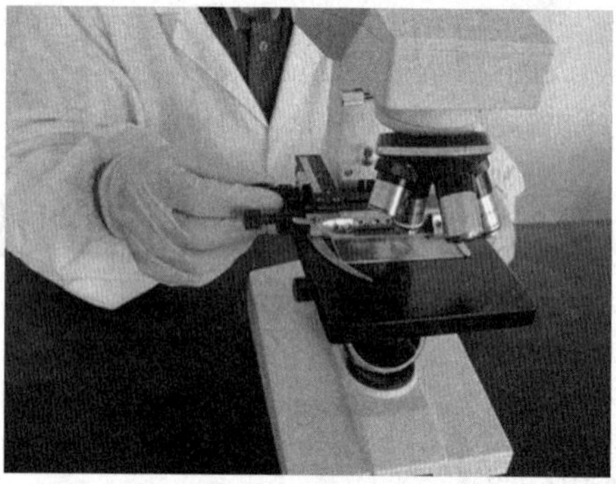

图 4-4　放置标本片

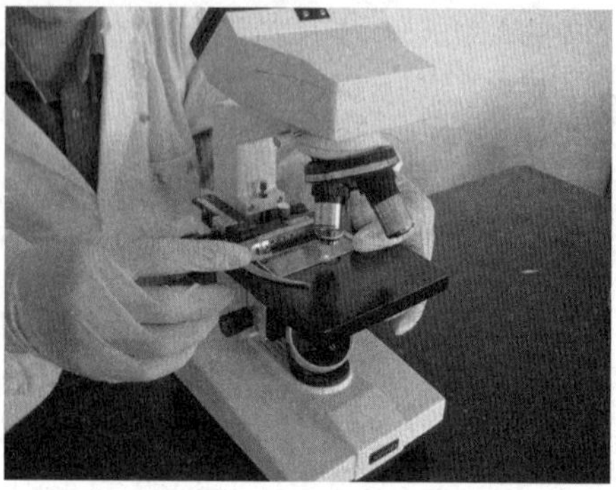

图 4-5　推动标本片

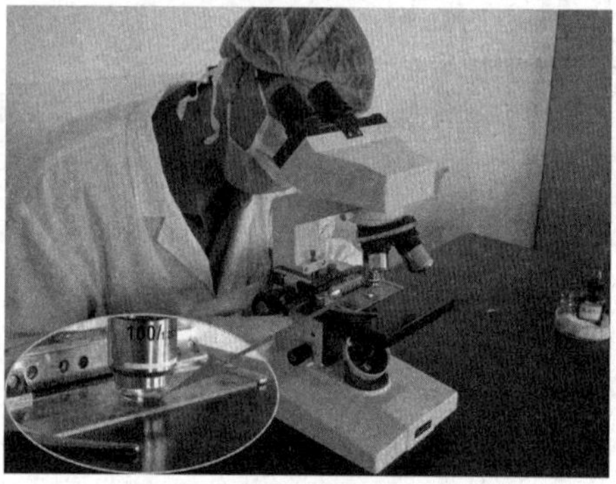

图 4-6　将油镜头浸入油中

⑥从目镜观察，反方向徐徐转动粗调螺旋，下降载物台（或升起镜筒），待出现模糊物像时（如未出现物像，而油镜镜头已离开了油滴，可重复⑤⑥步骤），再换用细调螺旋，调至物像清晰为止（图 4-7）。

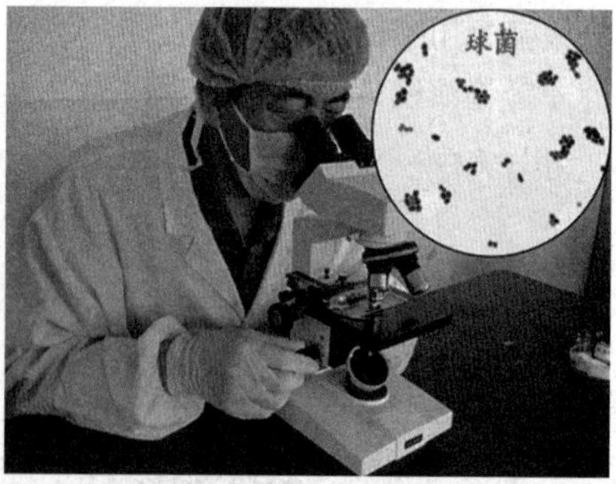

图 4-7　调节细调螺旋

⑦再用推进器移动载玻片观察不同的视野区域。

3. 油镜的保养

观察完毕，下降载物台（或升起镜筒），使油镜镜头离开载玻片，取下载玻片；将油镜镜头旋转至外侧（右侧）（图 4-8），先用干的擦镜纸擦拭油镜镜头（图 4-9），再用滴有擦镜剂的擦镜纸擦拭油镜镜头（图 4-10），以溶解已干的香柏油，再用干擦镜纸擦干镜头（图 4-11）。然后，把低倍镜转至中央，高倍镜和油镜呈“八”字形，下降镜筒或升起载物台，放入镜箱。

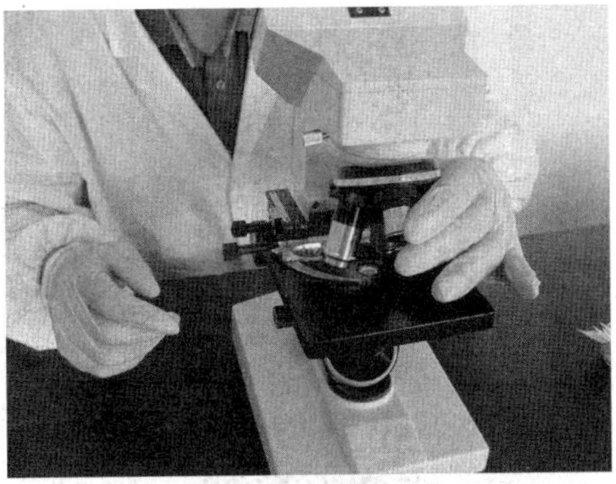

图 4-8　将油镜镜头转至右侧

图 4-9　擦镜纸拭去香柏油

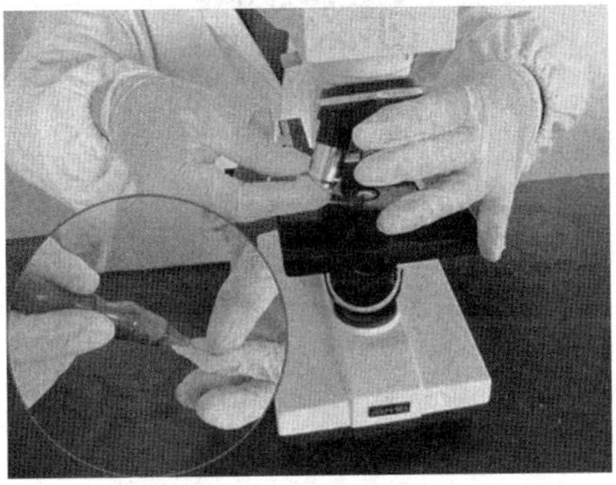

图 4-10　擦镜剂拭净镜头

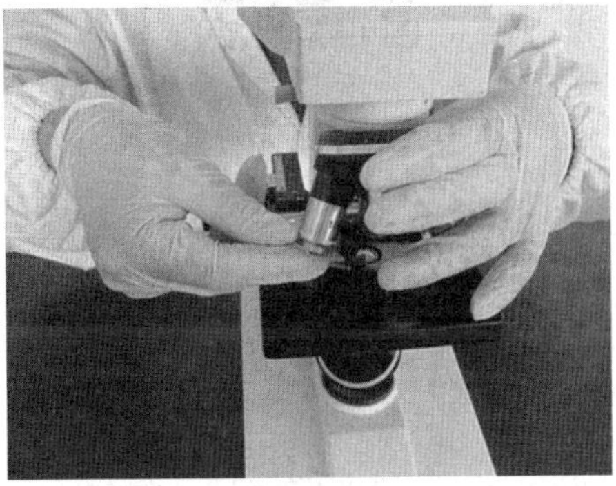

图 4-11　擦镜纸拭去擦镜剂

(二)细菌形态和结构的观察

细菌形态和结构的观察见图 4-12 至图 4-19。

图 4-12　葡萄球菌(G^+)

图 4-13　沙门氏菌(G^-)

图 4-14　双球菌荚膜

图 4-15　破伤风梭菌(芽孢)

图 4-16　螺旋菌

图 4-17　弧菌

图 4-18　病料中的炭疽杆菌

图 4-19　变形杆菌的鞭毛

实训五

细菌标本片的制备及常用染色法

【实训目标】

使学生学会制作病料片和培养物涂片，并掌握几种常用的细菌染色方法。

【材料准备】

(1)制片用材　载玻片、纱布、特种铅笔或记号笔、酒精灯、接种环(铂耳圈)、生理盐水、细菌培养物(液体培养物和固体培养物)、细菌病料(血液和实质性器官)、无菌的镊子和剪刀。

(2)染色用材　美蓝染色液、革兰氏染色液(草酸铵结晶紫、革兰氏碘液、95%乙醇、沙黄染液或石炭酸复红染液)、瑞特氏染液、1%盐酸酒精、甲醇、姬姆萨染液、磷酸盐缓冲液、蒸馏水、染色缸、染色架、吸水纸等。

(3)镜检用材　显微镜、香柏油、擦镜剂、擦镜纸。

【方法步骤】

(一)细菌标本片的制备

1. 细菌培养物标本片的制备

(1)玻片的准备　所用玻片应清晰透明，洁净无油渍(事先要水煮清洗)，如有油渍，可滴加95%的酒精用纱布擦拭。

(附：用特种铅笔或记号笔画线，线距边缘1～1.5 cm，画线的好处在于阻挡染液和辨认标本片正反面(图5-1)。

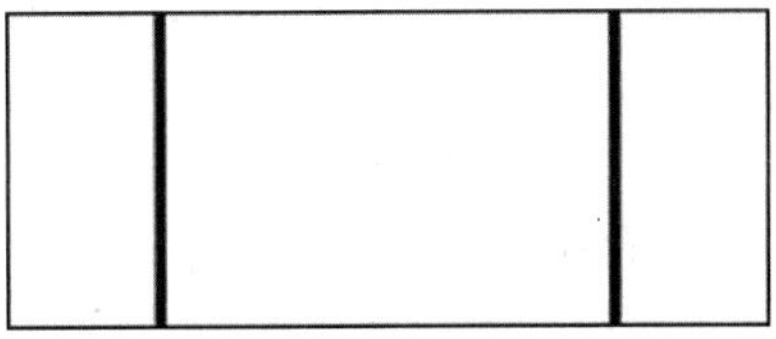

图5-1　边缘画线

(2)涂片制作

固体培养物涂片(要强调学生认清细菌在固体培养基上的生长物)：

①点燃酒精灯；

②灼烧接种环(灭菌，以烧红为止)(图5-2)；

③取1～2环无菌生理盐水于玻片中央(图5-3)；

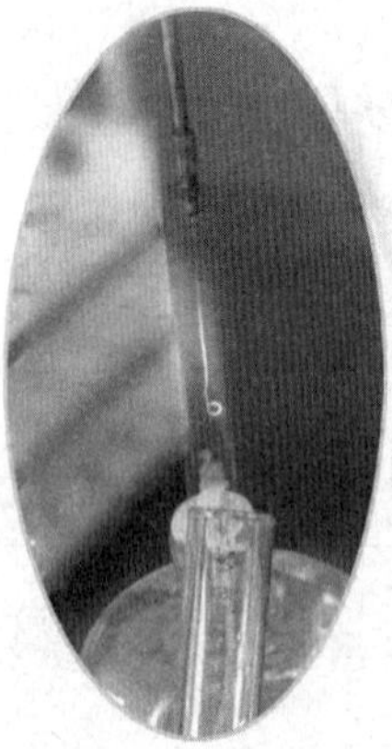

图 5-2　灼烧接种环

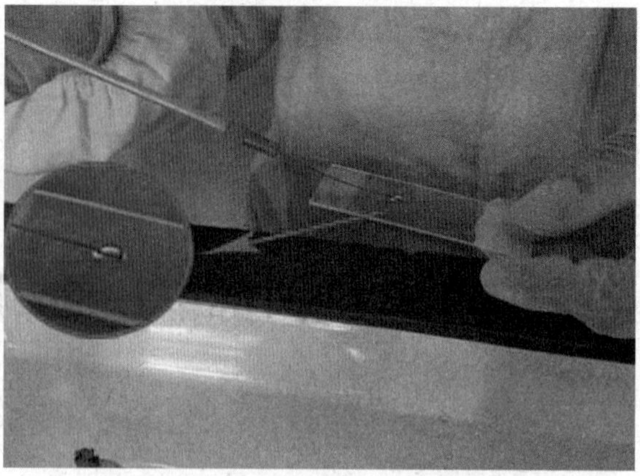

图 5-3　取 1～2 环无菌生理盐水于载玻片上

④再灭菌接种环；

⑤冷却后（一般触靠无菌管壁或平皿上盖内壁，即能很快达到冷却），从固体培养物上挑取少量细菌（菌落或菌苔），与生理盐水混匀，涂成直径约 1 cm 大小的涂面（涂面尽量要薄）（图 5-4）；

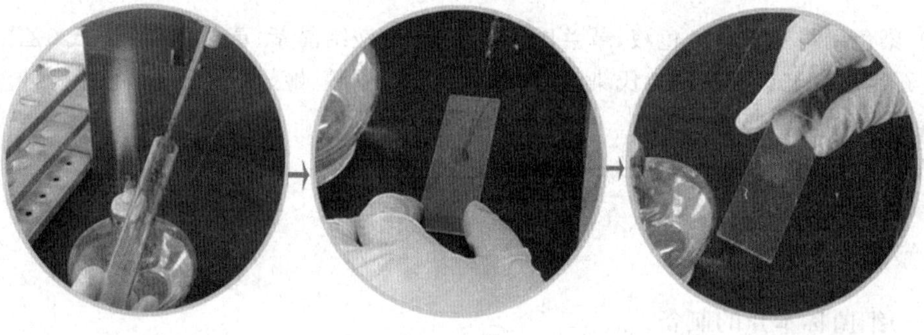

挑取细菌　　与生理盐水混匀　　涂面

图 5-4　挑取细菌均匀涂面

⑥接种环经灭菌后再放下。

液体培养物涂片：直接用灭菌的接种环蘸取细菌培养物 4～5 环，在玻片上涂成直径约 1 cm 大小的涂面。

2. 细菌病料标本片的制备

（1）血液涂片　取一张干净的载玻片，在一端滴加血液少许（1～2 滴）（图 5-5），用另一张边缘整齐的载玻片呈 45°角与前一张载玻片接触，并靠近血液滴，等液体沿载玻片边缘扩散开来后（图 5-6），均匀地推动载玻片，形成一层薄膜（图 5-7）。

（2）组织触片　无菌操作取被检组织一小块（图 5-8），以其新鲜切面在玻片上做 4～5 个压迹（图 5-9）。如果病料较小时，可用其切面涂成一薄层。

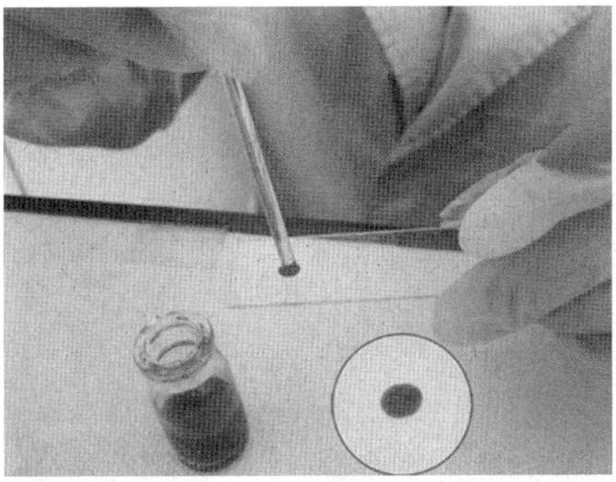

图 5-5 滴加血液

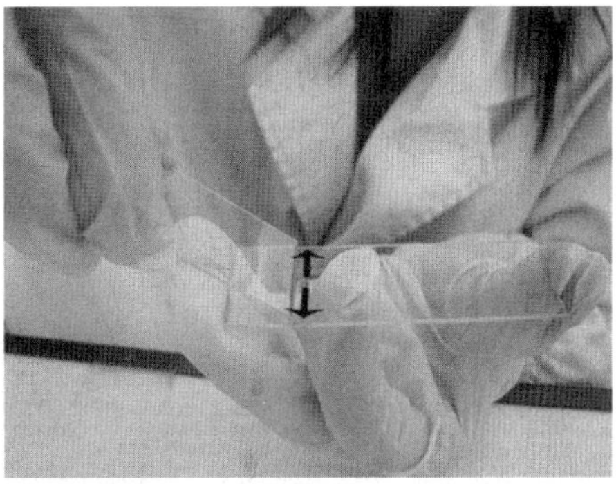

图 5-6 血液沿边缘扩散

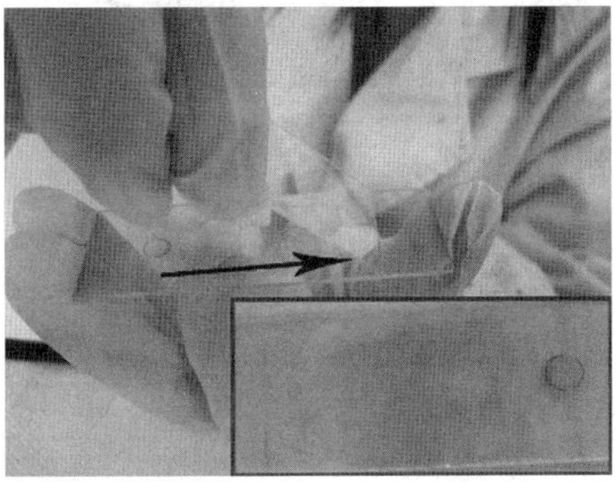

图 5-7 均匀推动载玻片

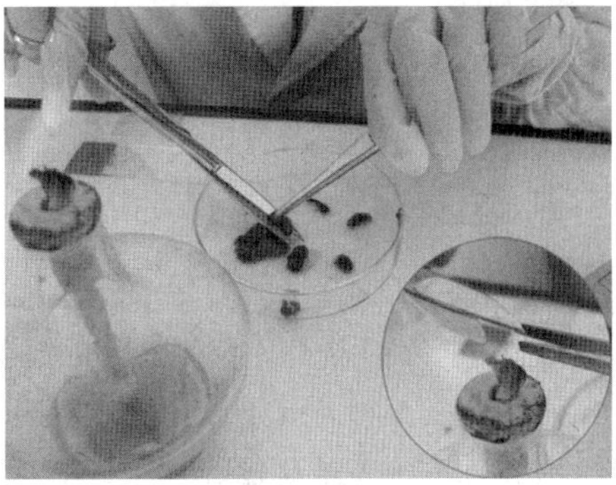

图 5-8 剪出新鲜切面

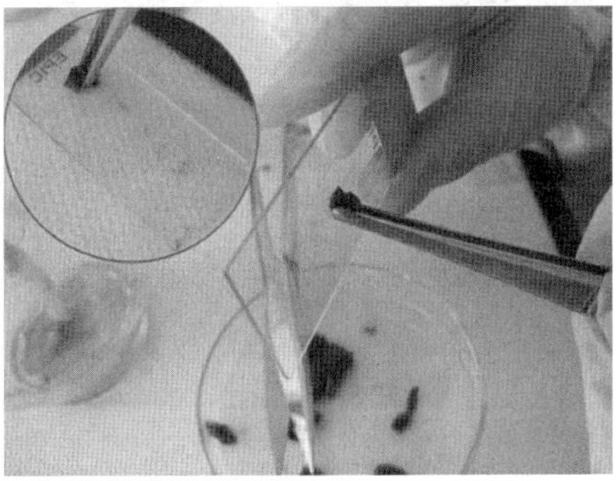

图 5-9 触片

(二)干燥

在室温下自然干燥(必要时将涂面向上,置火焰高处微微加热干燥)。

(三)固定

1. 火焰固定法

将干燥好的涂片涂面向上,在火焰上来回通过 3～4 次,以手背触试,以微烫手背为宜,如果温度过高,则会使细菌变形,影响观察(图 5-10)。火焰固定法适合于细菌培养物涂片的固定。

2.化学固定法

将干燥好的玻片浸入甲醇中(图 5-11),2～3 min 后取出,晾干,或在涂片上滴加数滴甲醇,作用 2～3 min 后,自然挥发晾干。若涂片用瑞特氏染色,则不必先做固定,因为瑞特氏染液中含有甲醇。化学固定法适合于细菌病料片的固定。

图 5-10　火焰固定

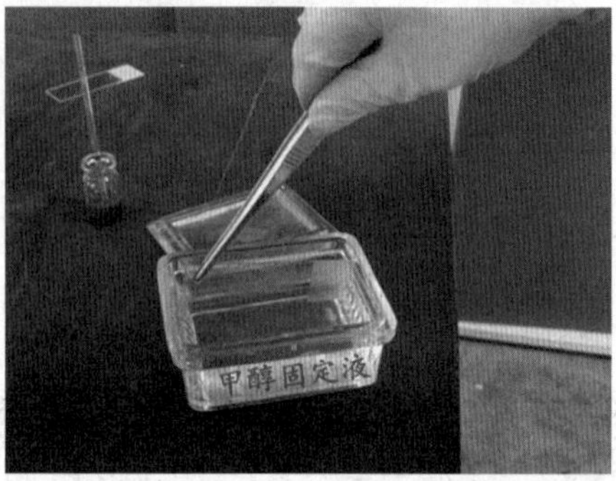

图 5-11　化学固定

(四)染色

1.美蓝染色法

在已固定好的涂片上,滴加适量的美蓝染色液,以覆盖涂面为宜(图 5-12),染色 2～3 min,水洗(图 5-13),晾干或用吸水纸轻压吸干(图 5-14),然后镜检。

染色结果:菌体呈蓝色(图 5-15)。

图 5-12　滴加美蓝染色液

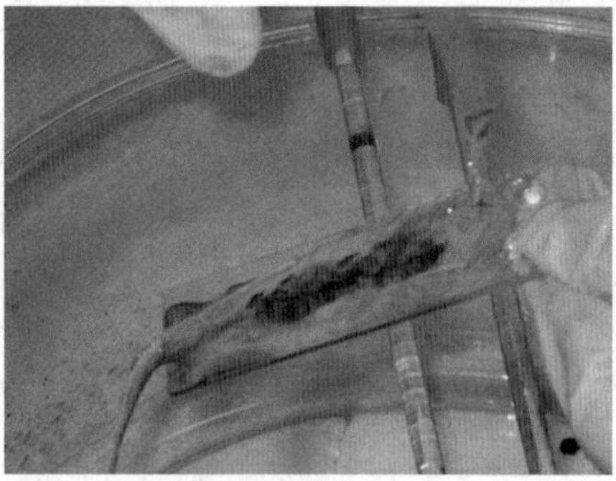

图 5-13　水洗

图 5-14　吸水

图 5-15　美蓝染色结果

2. 革兰氏染色法

①滴加草酸铵结晶紫染色液(图 5-16),染色 1～3 min,水洗;

②滴加革兰氏碘液(图 5-17),媒染 1～2 min,水洗;

③滴加 95%乙醇(图 5-18),脱色 30 s 至 1 min,水洗;

④滴加石炭酸复红或沙黄染液(图 5-19),复染 10～30 s,水洗。干燥后镜检。

染色结果:革兰氏阳性菌呈蓝紫色(图 5-20),革兰氏阴性菌呈红色(图 5-21)。

图 5-16　滴加结晶紫染色液

图 5-17　滴加革兰氏碘液

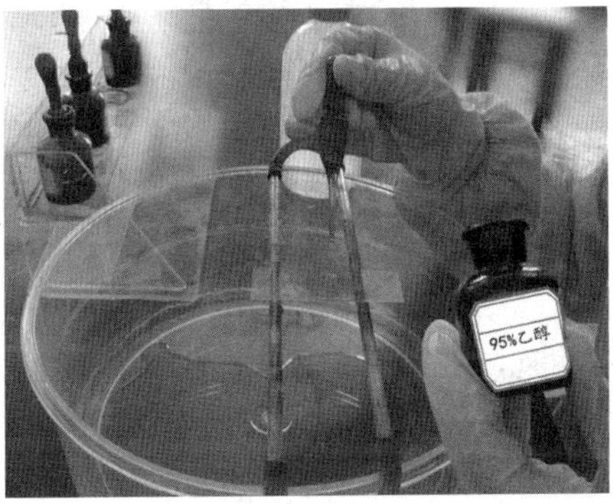

图 5-18　滴加 95%乙醇

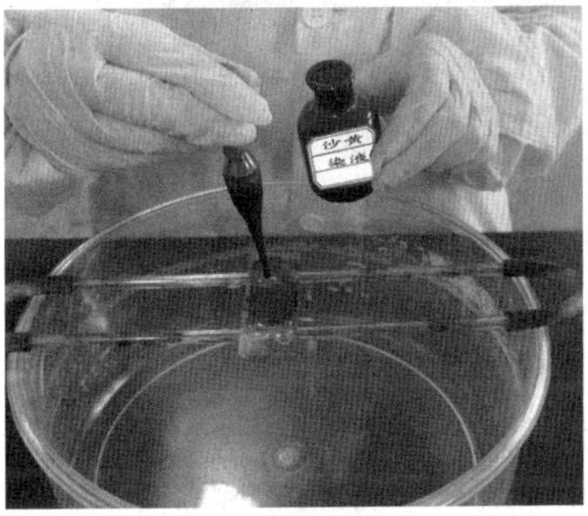

图 5-19　滴加沙黄染液

图 5-20　革兰氏阳性菌(蓝紫色)

图 5-21　革兰氏阴性菌(红色)

3. 瑞特氏染色法

细菌抹片自然干燥后,计量滴加瑞特氏染色液(滴数不宜过少,以防其中的甲醇挥发而干燥,影响染色效果)覆盖涂面(图 5-22),1～3 min 后,再滴加等量的磷酸盐缓冲液(PBS 液)(图 5-23)或中性蒸馏水于玻片上,轻轻摇晃(图 5-24)或用洗耳球来回吹匀,继续染色 5 min,水洗,干燥后镜检。

染色结果：菌体呈蓝色，组织细胞等呈其他颜色（图 5-25）。

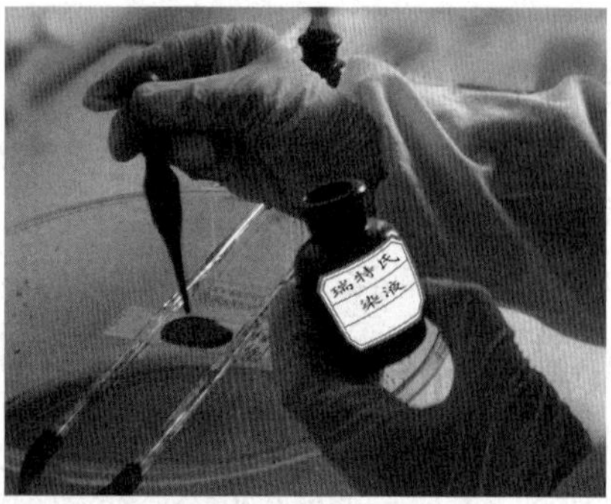

图 5-22　滴加瑞氏染液

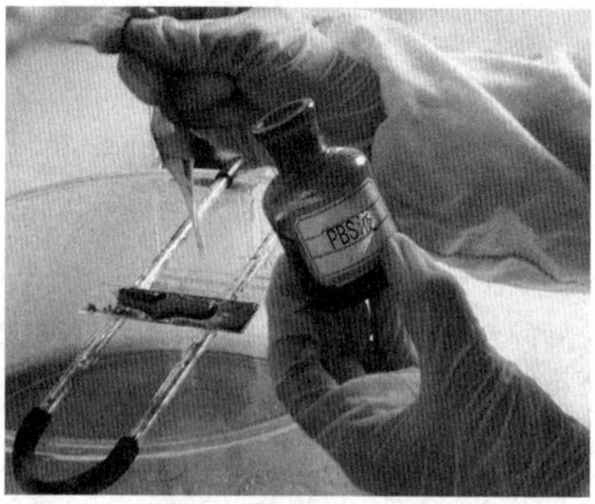

图 5-23　滴加等量 PBS 液

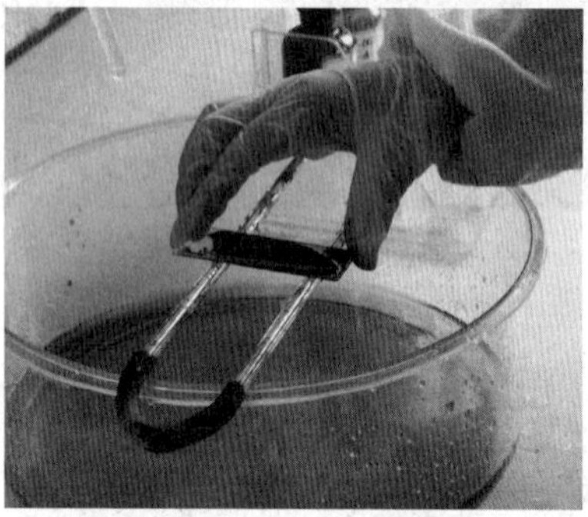

图 5-24　混匀

图 5-25　瑞氏染色结果

4. 姬姆萨染色法

先将姬姆萨染色液原液稀释成常用的姬姆萨染色液，在经甲醇固定好的涂片上滴加足量的染色液或将涂片浸入盛有染色液的染色盒中（图 5-26），染色 30 min 或浸染数小时至 24 h 后，取出，水洗，干燥后镜检。

染色结果：菌体呈蓝色，组织细胞呈其他颜色，视野红色（图 5-27）。

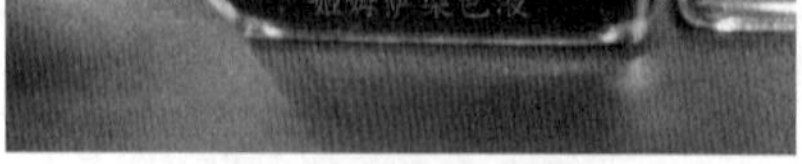

图 5-26　浸入染色液

图 5-27　姬姆萨染色结果

5. 结核杆菌抗酸染色法

病料涂片自然干燥后，滴加石炭酸复红加热染色 5 min（图 5-28），水洗后用 1%盐酸酒精脱色（图 5-29），最后用吕氏美蓝染色 1 min（图 5-30），水洗，干燥后镜检。

染色结果：结核菌呈红色，组织细胞呈蓝色（图 5-31）。

图 5-28　石炭酸复红加热染色

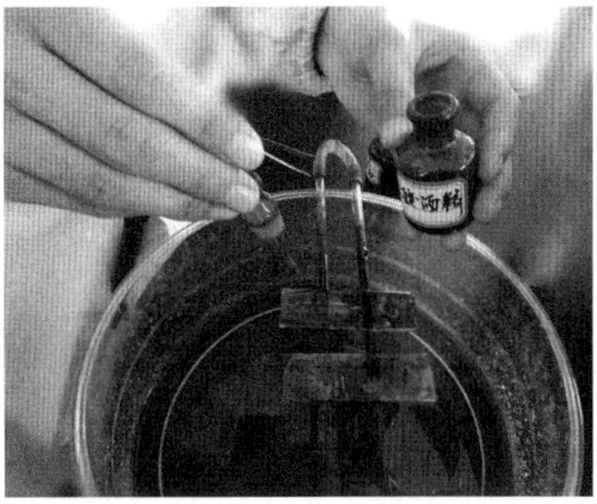

图 5-29　盐酸酒精脱色

图 5-30　美蓝染液染色

图 5-31　抗酸染色结果

【注意事项】

①制作细菌涂片时，不宜涂得过厚，以免影响检查效果。

②火焰固定时，温度不宜过高，以免菌体变形或破坏其结构。

③镜检完毕，标本片不可擦拭。

④实训完毕，洗手消毒。

实训六

细菌的分离、培养及培养性状观察

【实训目标】

使学生学会分离、移植和培养细菌，并熟悉常见细菌的培养特性。

【材料准备】

恒温培养箱、病料或细菌培养物、接种环、接种针、酒精灯、灭菌吸管、各种细菌培养基、玻璃铅笔等。

【方法步骤】

(一)细菌的分离培养

常用的分离方法是平板划线分离法，划线的方法较多，有连续划线法、间断划线法和棋盘划线法等，以连续划线法与间断划线法较为常用(图 6-1)。

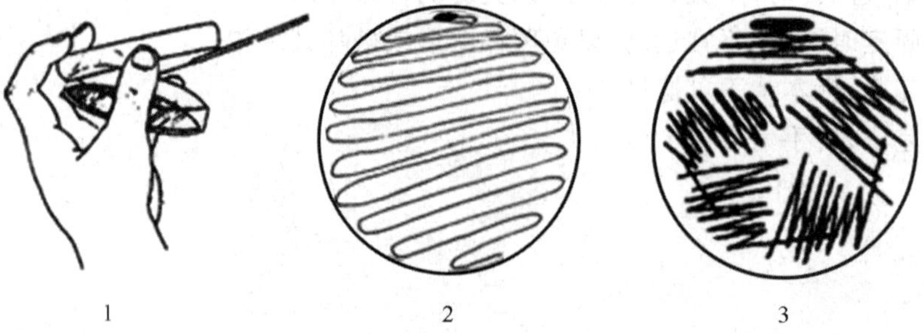

图 6-1　平板划线分离法示意图

1. 划线手法　2. 连续划线法　3. 间断划线法

1. 连续划线分离法

右手持接种环，左手先将接种环的环部稍稍弯曲，然后在酒精灯火焰上灼烧灭菌。待接种环冷却后，无菌操作取适量病料或菌落。左手持平皿，底朝下，盖在上，在酒精灯火焰附近，以拇指、食指和中指将皿盖揭开呈 20°左右的角度(角度不宜过大，以免空气中的微生物进入，污染培养基)(图 6-2)。将已取有病料或细菌的接种环伸入平皿，并涂于培养基边缘的一侧(注意记住所涂的位置)，然后将接种环上多余的病料或细菌烧毁，待接种环冷却后，再与涂抹病料或细菌处轻轻接触，以腕力在培养基表面轻轻进行“Z”字形连续划线，划线不宜太密，也不宜重复划线，并且不要划破培养基。划线完毕，在酒精灯火焰上灼烧接种环，然后将接种环倒置于试管架。盖好平皿盖后，将平皿倒置，用记号笔在平皿底边缘处注明被检材料或菌种名、日期及操作者姓名等，然后将平皿倒置于 37℃ 的温箱中，培养 18～24 h 后观察结果。

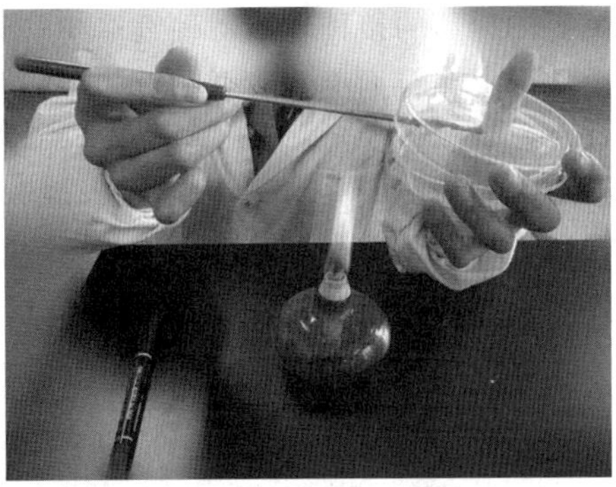

图 6-2　琼脂平板上划线

2. 间断划线分离法

操作过程基本和直接划线分离培养的相似，不同的是首先要用记号笔在平皿底外面划线，将培养基分成 3～6 个小区。另外划线时每划完一个小区应将平皿旋转一定角度，以便于其他区的划线。

(二)厌氧菌的分离培养

1. 肝片肉汤培养基

右手持接种环，在酒精灯火焰上灼烧灭菌。待接种环冷却后，无菌操作取适量病料或菌落。左手持试管，在酒精灯火焰附近，以小指和手掌拔去试管口的塞子，将试管倾斜。将蘸有病料或细菌的接种环从液状石蜡较薄的部位伸入肝片肉汤培养基(图 6-3)内，在靠近液面的管壁上轻轻研磨，并搅动。接种完毕，塞好试管塞，在酒精灯火焰上灼烧接种环，然后将接种环倒置于试管架。用记号笔在靠试管口边缘处注明被检材料或菌种名、日期及操作者姓名等，然后将试管直立于试管架后置于 37℃ 的温箱中，培养 18～24 h 后观察结果。

2. 焦性没食子酸法

将厌氧菌划线接种于琼脂平板上，取无菌方形玻板一块，中央置焦性没食子酸 1.0 g，覆盖一小片纱布(中央夹薄层脱脂棉花)，在其上滴加 10%氢氧化钠 1.0 mL，迅速取去平板盖，将平板倒置于玻板上，周围以融化石蜡或胶泥密封(图 6-4)，放入 37℃ 温箱内培养 24～48 h 后观察结果。

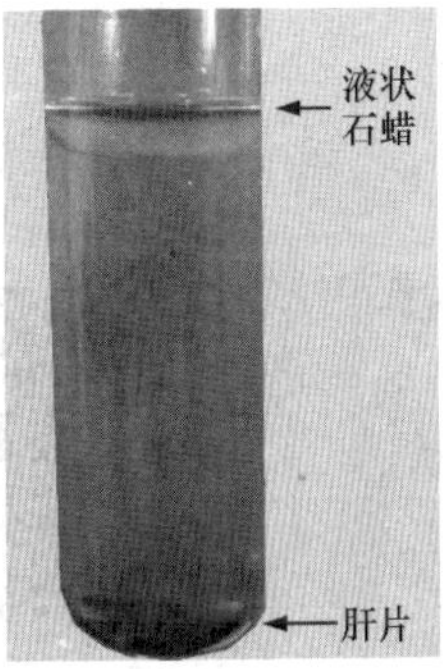

图 6-3　肝片肉汤培养基

图 6-4　焦性没食子酸法

(三)细菌的移植(纯化)

1. 斜面移植

右手持接种环，在酒精灯火焰上灼烧灭菌。左手持菌种管(外侧)和琼脂斜面管(内侧)，将试管倾斜，斜面朝上，在酒精灯火焰附近，以小指和手掌及小指和无名指拔去试管口的塞子。用冷却的接种环从菌种管取少许菌落，原路退出，然后伸入琼脂斜面管培养基的底部，由下而上在斜面上弯曲划线(图 6-5)，然后管口和塞子通过酒精灯火焰后塞好塞子。在酒精灯火焰上灼烧接种环，然后将接种环倒置于试管架。用记号笔在靠试管口边缘处注明被检材料或菌种名、日期及操作者姓名等，然后将试管直立于试管架后置于 37℃的温箱中，培养 18～24 h 后观察结果。

2. 肉汤移植

操作过程和斜面移植基本一致，不同的是取少许菌落后，迅速伸入肉汤管内，在接近液面的试管壁轻轻研磨，并搅动(图 6-6)。

图 6-5 斜面移植到斜面

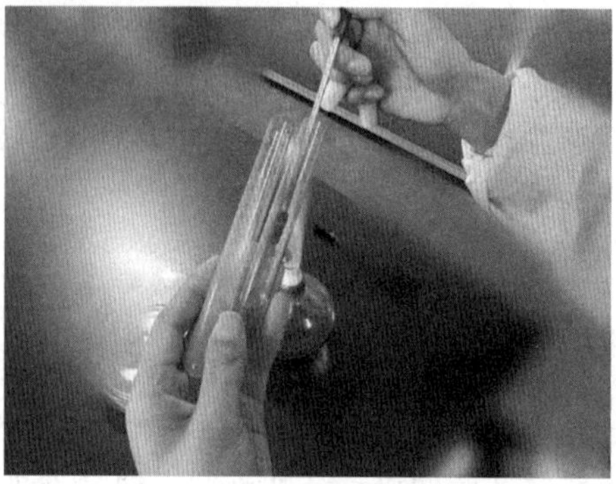

图 6-6 斜面移植到肉汤

3. 从平板移植到斜面

操作过程和斜面移植基本一致，不同的是无菌打开平皿盖(约 20°的角度)，取少许细菌移于斜面琼脂管。

4. 半固体培养基穿刺接种法

操作过程和斜面移植基本一致，不同的是用接种针取少许菌落后，由培养基表面中央垂直刺入管底，然后由原路退出接种针。

(四)细菌在培养基上的生长特性观察

1. 细菌在固体培养基上的生长特性

主要观察细菌在培养基上形成的菌落特征(图 6-7)。

(1)大小　不同细菌，其菌落大小变化很大，常用其直径来表示，单位是 mm。

(2)形状　主要有圆形、露滴状、乳头状或油煎蛋状、云雾状、放射状或蛛网状、同心圆状、扁平状和针尖状等。

(3)边缘特征　有整齐、波浪状、锯齿状、卷发状等。

(4)表面性状　有光滑、粗糙、皱褶、颗粒状、同心圆状、放射状等。

图 6-7 菌落特征

(5)湿润度　有干燥和湿润两种。

(6)隆起度　有隆起、轻度隆起、中央隆起和云雾状等。

(7)色泽和透明度　色泽有白色、乳白色、黄色、橙色、红色及无色等；透明度有透明、半透明、不透明等。

(8)质地　有坚硬、柔软和黏稠等。

(9)溶血性　分为 α 型溶血、β 型溶血和 γ 型溶血三种。

2. 细菌在液体培养基上的生长特性

(1)浑浊度　有强度浑浊、轻微浑浊和透明三种。

(2)底层情况　包括有沉淀和无沉淀两种，有沉淀又可分为颗粒状和絮状两种(图 6-8)。

(3)表面性状　分为形成菌膜(图 6-9)、菌环和无变化三种情况。

图 6-8　沉淀(颗粒状和絮状)

图 6-9　菌膜

(4)产生气体和气味　很多细菌在生长繁殖的过程中能分解一些有机物产生气体，可通过观察是否产生气泡或收集产生的气体来判断；另一些细菌在发酵有机物时能产生特殊气味，如鱼腥味、醇香味等。

(5)色泽　细菌在生长繁殖的过程中能使培养基变色，如绿色(图 6-10)、红色、黑色等。

3. 细菌在半固体培养基上的生长特性

有运动性的细菌会沿穿刺线向周围扩散生长，形成松树状、试管刷状(图 6-11)；无运动性的细菌则只沿穿刺线呈线状生长。

图 6-10　培养基变为绿色

图 6-11　试管刷状

【注意事项】

①细菌的分离培养必须严格无菌操作。

②接种环或接种针在挑取菌落之前，应先在培养基上无菌落处冷却，否则会将所挑的菌落烫死而使培养失败。

③划线接种时应先将接种环的环部稍弯曲，同时用力适度；分区接种时，每区开始的第一条线应通过上一区的划线。

④不同细菌所需要的培养时间相差很大，应根据不同的菌种培养观察足够的时间。

实训七

细菌的药物敏感性试验

【实训目标】

使学生学会药物敏感试验的操作过程，并掌握抗菌药物敏感性判定标准。

【材料准备】

接种环、酒精灯、试管架、恒温箱、眼科镊子、普通琼脂平板、大肠杆菌和金黄色葡萄球菌的培养物、各种抗菌药物纸片。

【方法步骤】

①无菌操作取6～8 h的大肠杆菌与金黄色葡萄球菌的肉汤培养物，以密集均匀划线法分别接种在两个普通琼脂平板表面。

②用灭菌镊子夹取各种抗菌药物圆纸片（一般在纸片上标记有药物名或代号），轻轻贴在已接种好细菌的琼脂培养基的表面，一次放好，不得移动，各纸片间的距离要大致相等（图7-1）。

③平皿倒置，37℃温箱内培养18～24 h后取出，观察并记录结果，分析结果。根据纸片周围有无抑菌圈及其直径大小（图7-2），按下列标准确定细菌对抗生素等药物的敏感度（表7-1）。

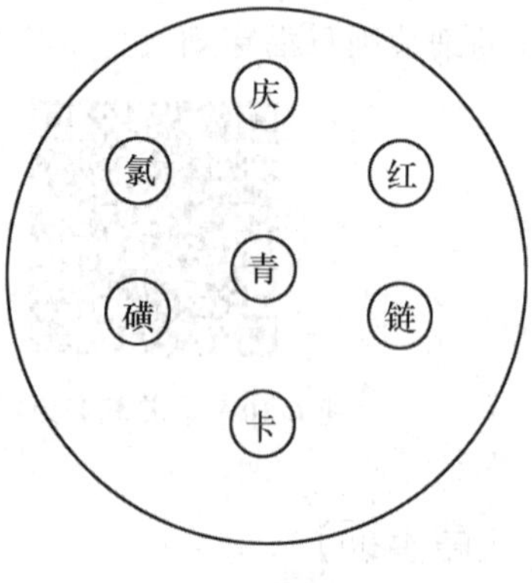

图7-1　药物敏感试验纸片的贴法

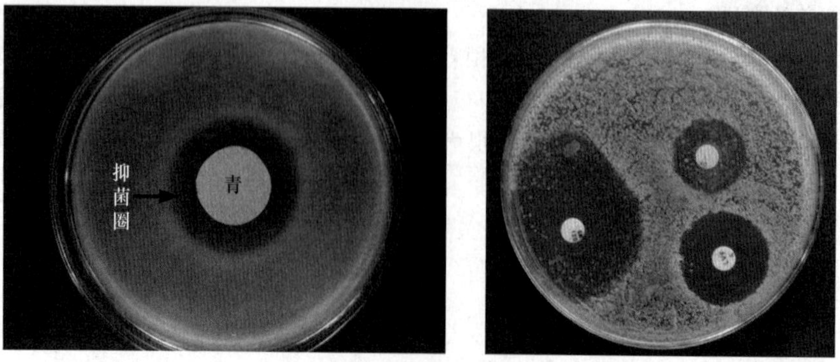

图7-2　抑菌圈

表 7-1 细菌对不同抗菌药物敏感性标准

药物名称	抑菌圈直径/mm	敏感度
青霉素	< 10	低度敏感
	11～26	中度敏感
	> 26	高度敏感
链霉素、磺胺	< 10	低度敏感
	11～15	中度敏感
	> 15	高度敏感
庆大霉素、卡那霉素	< 12	低度敏感
	13～14	中度敏感
	> 14	高度敏感
氯霉素、红霉素	< 13	低度敏感
	13～17	中度敏感
	> 17	高度敏感

【注意事项】

①试验用菌种对于被测定的抗生素应具有高度敏感性。

②药检所下发的试验菌种为冷冻干燥品，保存于 5～8℃ 冰箱内，一般可保存 1～3 年。

③试验时，一定要建立“无抗生素操作”的观念。

④磺胺类药物用无蛋白胨的琼脂平板，因蛋白质会使磺胺失去作用。

实训八

实验动物感染与剖检技术

【实训目标】

使学生学会实验动物常用的感染途径，并掌握剖检技术。

【材料准备】

实验动物（小鼠、家兔、鸡和豚鼠）、注射器、针头、解剖盘及解剖刀剪、接种环、酒精灯、显微镜、细菌培养物、常用培养基、酒精和碘酊棉球、染色液等（图 8-1，图 8-2）。

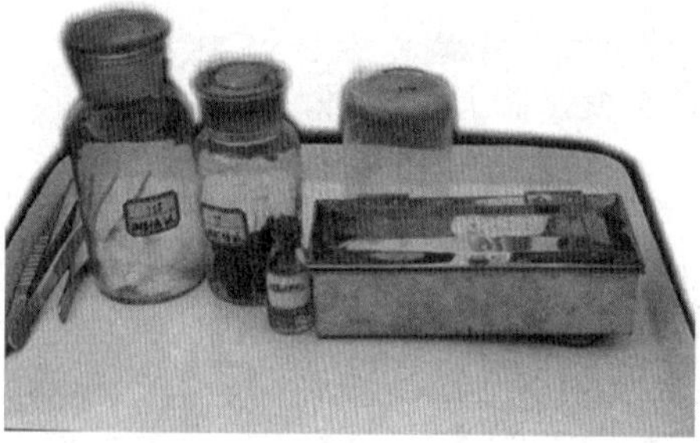

图 8-1　动物接种材料

图 8-2　动物剖检材料

【方法步骤】

（一）动物保定

实验动物保定方法见图 8-3，图 8-4。

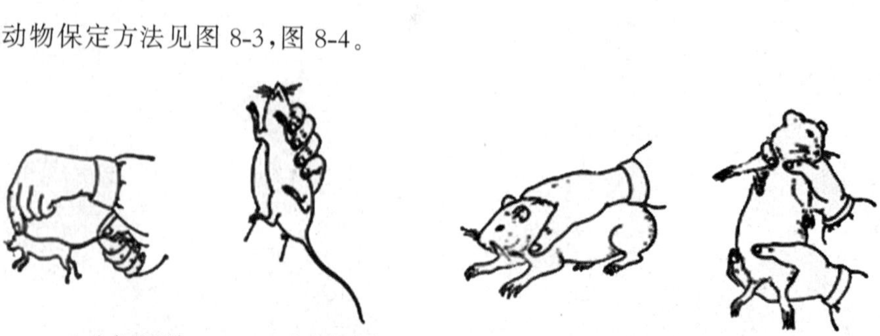

1. 小鼠抓取法　2. 大鼠保定法　3，4. 豚鼠抓取和保定法

图 8-3　实验动物保定方法

1. 倒提小鼠转晕

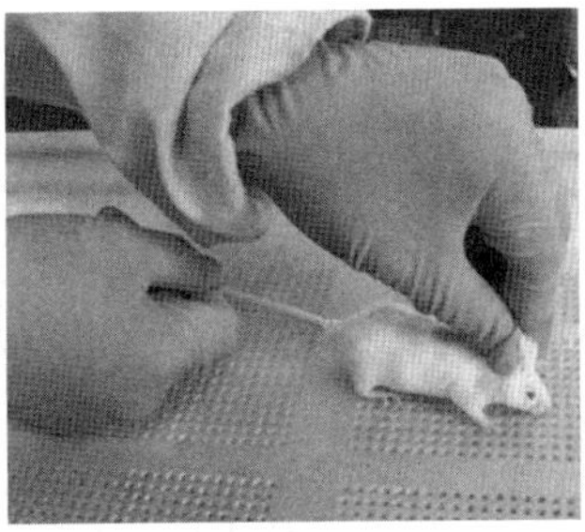

2. 左手提起颈部皮肤

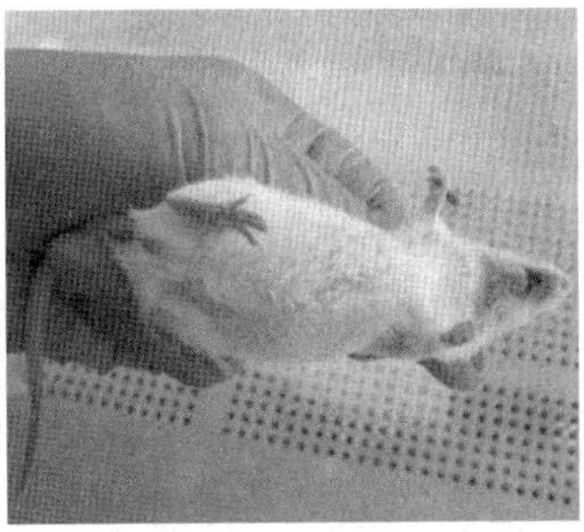

3. 无名指夹住尾巴

图 8-4 小鼠保定法

(二)实验动物接种操作技术

1. 皮内注射接种

注射前对皮肤进行消毒(图 8-5)。左手拇指及食指夹起皮肤,右手持注射器,用细针头刺入拇指及食指之间的皮肤内,针头刺入不宜过深,同时刺入角度要小,注入时感到有阻力,而且注射完毕后皮肤上有硬的隆起即为注入皮内(图 8-6)。拔出针头,用消毒棉球按住针眼并稍加按摩。皮内注射接种要慢,以防使皮肤胀裂或自针眼流出注射物而散播传染。

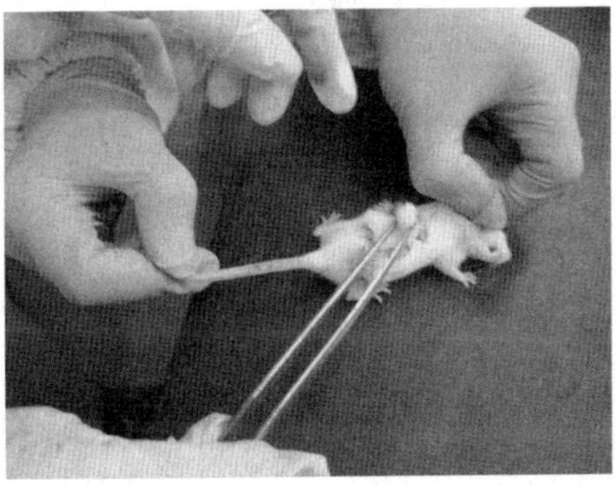

图 8-5 消毒

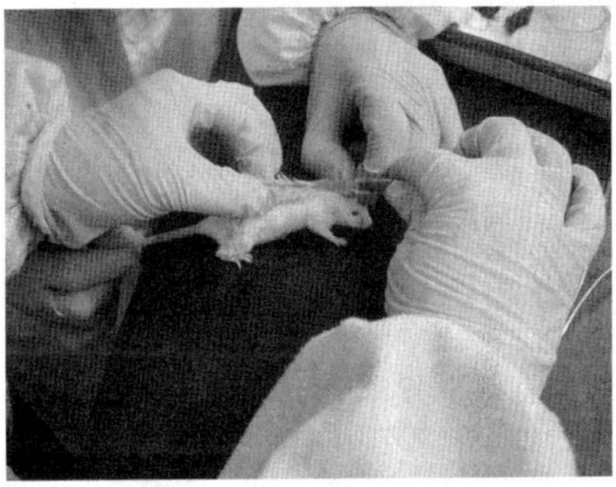

图 8-6 皮内注射接种

2. 皮下注射

右手持注射器,左手拇指、食指和中指捏起皮肤使其呈一个三角形皱褶(图 8-7、图 8-8),或用镊子夹起皮肤,于其底部进针。感到针头可以随意拨动即表示插入皮下。当推入注射物时应感到流利畅通。注射后处理同皮内接种法。

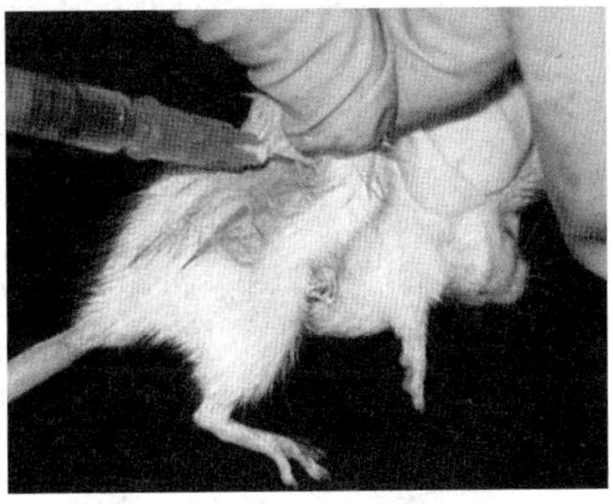

图 8-7 小鼠皮下注射

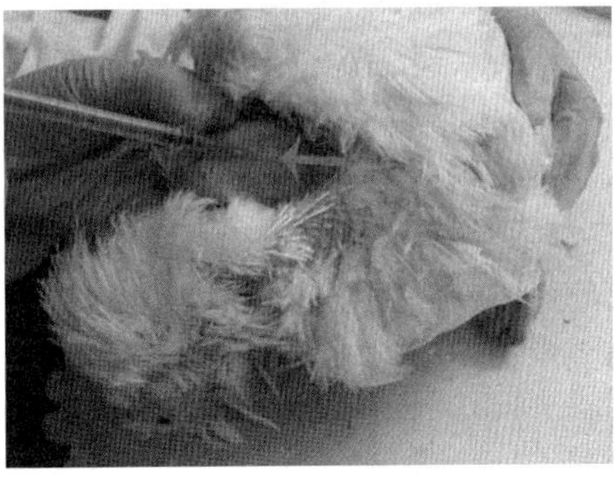

图 8-8 鸡皮下注射

3. 肌肉注射

鸡的肌肉注射由助手保定，小鸡也可由注射者左手提握保定，然后在其胸肌、腿肌或翅膀内侧肌肉处注射(图 8-9)。小鼠的肌肉注射由助手捉住或用特制的保定筒保定小鼠，注射者左手握住小鼠后肢，在后肢上部肌肉丰满处注射(图 8-10)。

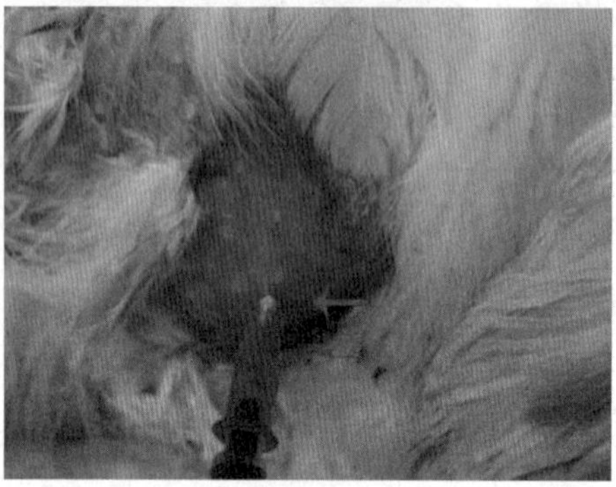
图 8-9　鸡肌肉注射

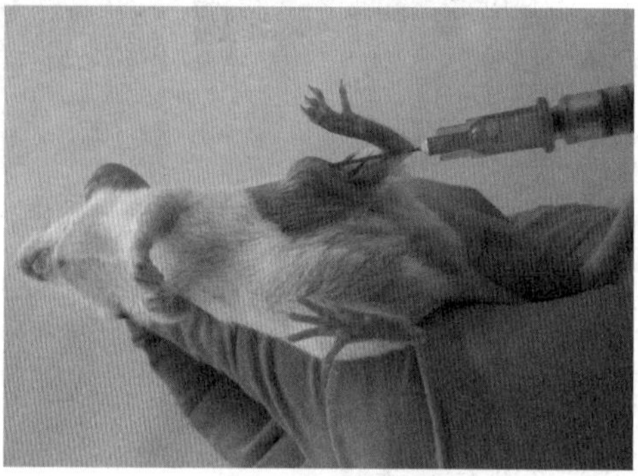
图 8-10　小鼠肌肉注射

4. 腹腔注射

用右手提起鼠尾，左手拇指和食指捏头背部，翻转鼠体使腹部向上，把鼠尾和后肢夹于掌心和小指之间，右手持注射器，将针头平行刺入皮下，然后向下斜行，通过腹部肌肉注入腹腔(图 8-11)。家兔和豚鼠，先在腹股沟处刺入皮下，前进少许，再刺入腹腔。鸡腹腔注射如图 8-12 所示。

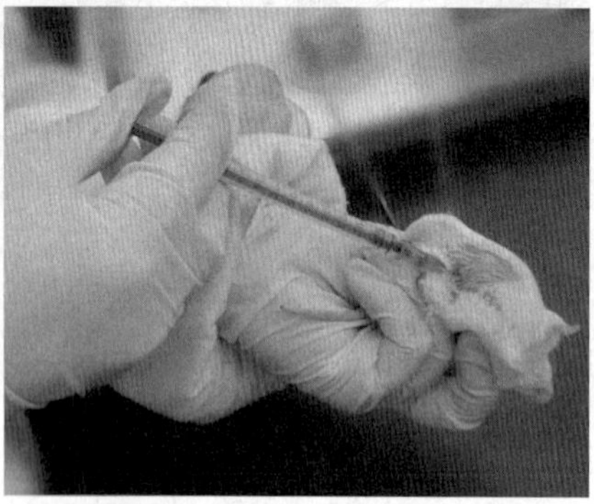
图 8-11　小鼠腹腔注射

图 8-12　鸡腹腔注射

5. 静脉注射

家兔可进行耳外缘静脉注射，小鼠可进行尾中缘静脉注射。用 75%的酒精涂擦使静脉怒张。注射时，用左手拇指和食指拉紧兔耳或鼠尾，右手持注射器，使针头与静脉平行，向心方向刺入静脉内(图 8-13)，注射时应无阻力且有血向前流动即表示注入静脉，缓缓注入接种物。若注射正确，注射后耳部或尾部应无肿胀。注射完毕后，用消毒棉球紧压针眼，以免流血和注射物流出。

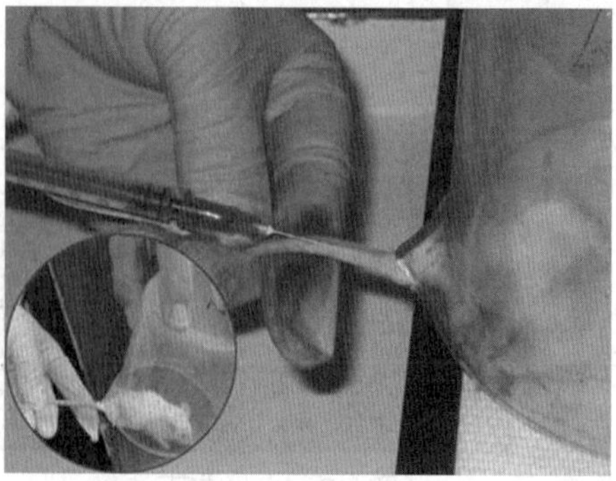
图 8-13　小鼠静脉注射

(三)实验动物的剖检,病料的采取、包装

1. 适时采集

实验动物死亡后立即解剖,以免腐败菌及肠道菌侵入脏器,给病原菌的分离带来困难,甚至不能得到应有的结果,同时亦影响病理变化的观察。

2. 无菌采集

解剖用器械,必须经煮沸或高压灭菌,每一脏器用一套器械。

3. 解剖

实验动物放解剖板上固定后(图 8-14),将腹部先用碘酒消毒(图 8-15)再用酒精脱碘(图 8-16),打开皮肤后(图 8-17),用酒精棉球灼烧腹壁,剪开胸腹壁。

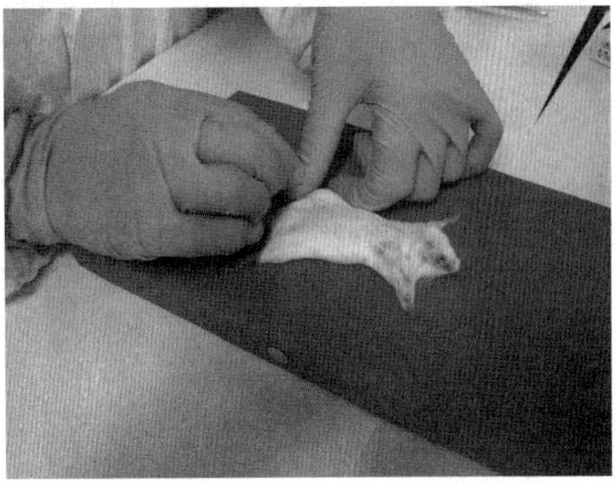

图 8-14　固定小鼠

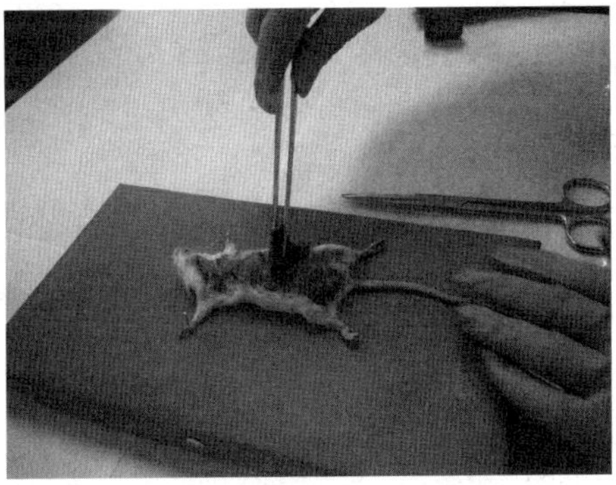

图 8-15　碘酒消毒胸腹部皮肤

图 8-16　酒精脱碘

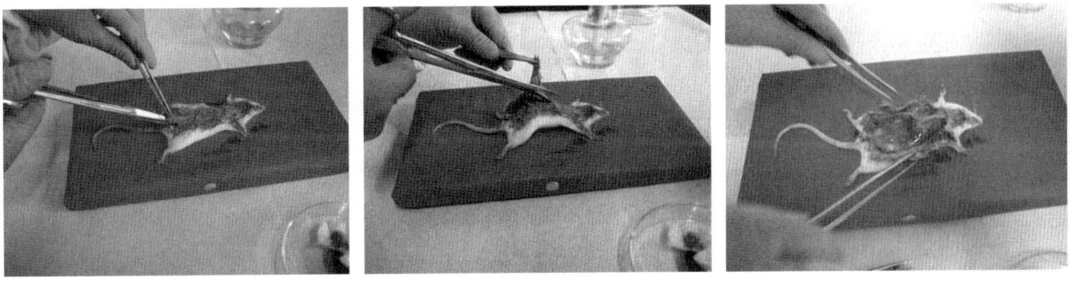

步骤 1　　步骤 2　　步骤 3

图 8-17　剪开胸腹部皮肤

4. 采取病料

以无菌操作法采取病料(图 8-18),放入无菌容器送检或进行接种工作,再取病料制片,以备染色镜检。

5. 采取胸水

用酒精棉球灼烧胸壁,打开胸腔,无菌采取胸水,心包液及血液进行培养或送检,并取病

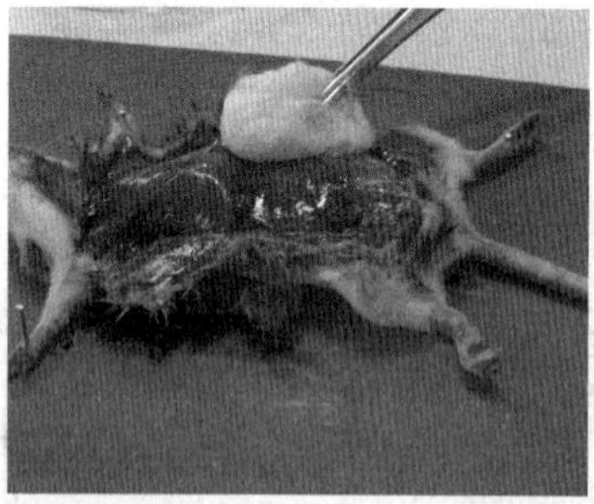

步骤 1

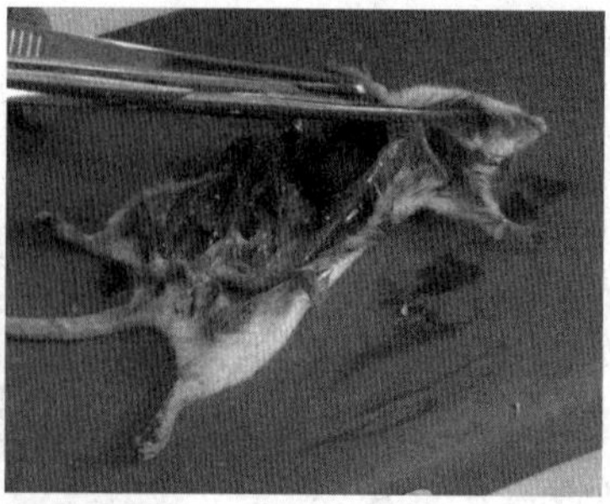

步骤 2

步骤 3

图 8-18 打开胸腹腔采取病料

料制片染色镜检。

6. 观察

观察实验动物有无特殊病变。

7. 记录

做好详细记录。

【注意事项】

①小鼠接种时,应将小鼠保定确实,防止咬伤人员。

②接种不同的实验动物应选用不同规格的针头,乳鼠和乳兔用 5 号针头,鸡和小鼠用 5～8 号针头,家兔和豚鼠用 7～10 号针头。

③皮内注射时,不可将针尖刺至皮下,可感觉注射阻力较大,且注射完后局部有肿胀,可触及。刺至皮下时则几乎无阻力,注射局部不出现肿胀。

实训九

传染病病料的采集、包装和送检

【实训目标】

使学生学会采集、包装和送检传染病病料。

【材料准备】

高压蒸汽灭菌器、外科刀、外科镊、镊子、试管、平皿、广口瓶、包装容器、注射器、采血针头、75%酒精棉球、5%碘酒棉球、载玻片、酒精灯、火柴、保存液、来苏儿、发病动物等。

【方法步骤】

(一)病料的采取

采取病料前需做尸体检查,当怀疑是炭疽时,不可随意解剖,应先由末梢血管采血涂片镜检。操作时应特别注意,勿使血液污染它处。不是炭疽时采取有病变的组织器官(图 9-1 至图 9-4)。

图 9-1 鸡气管腔血性分泌物

图 9-2 猪肺肉样变

图 9-3 猪结肠出血、坏死

图 9-4 猪肝脏表面坏死灶

1. 采取病料的时间

最好死后立即采取,以不超过 6 h 为宜。

2. 采取病料器械的消毒

刀、剪、镊子等可煮沸 30 min 消毒；玻璃器皿等可高压灭菌或干热灭菌，或于 0.5%～1%碳酸氢钠水中煮沸 30 min；软木塞和橡皮塞于 0.5%石炭酸水溶液中煮沸 10～15 min；载玻片在 1%～2%碳酸氢钠水中煮沸 10～15 min。水洗后用清洁纱布擦干，将其保存于酒精与乙醚等份液中备用。注射器和针头放于清洁水中煮沸 30 min 即可。一套器械与容器，只能采取或容装一种病料，不可用其再采其他病料或容装其他脏器材料。

3. 各种组织脏器病料的采取

采取病料应无菌操作。采取病料的种类，应根据不同的传染病，相应地采取其脏器和内容物等。在无法估计是某种传染病时，应进行全面采取。检查病料应待采取病料完毕后进行。

(1)血液的采取

①血清：无菌操作采取血液(图 9-5)5～10 mL，置于灭菌的试管中，待血液凝固析出血清后(图 9-6)，以灭菌滴管吸出血清置于另一灭菌试管内。如供血清学检查时，可于每毫升血清中加入 3%～5%石炭酸溶液 1～2 滴。

②全血：在注射器中先吸入 5%柠檬酸 1 mL，再以无菌操作采取全血至 10 mL，注入灭菌好的试管或小瓶中。

图 9-5　心脏采血

图 9-6　分离血清

(2)脏器的采取　首先打湿被毛(图 9-7)防止污染病料，然后打开胸腹腔(图 9-8)。

图 9-7　打湿被毛

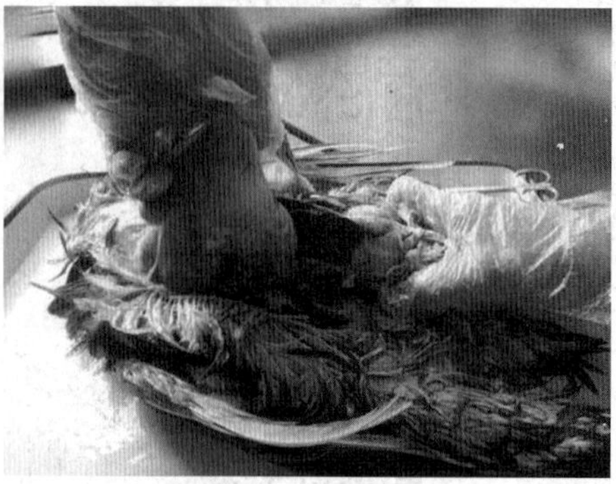

图 9-8　打开胸腹腔

①淋巴结及内脏：将淋巴结、肺、肝、脾(图 9-9)、肾等有病变的部位各采取 1～2 cm^3 的小方块，分别置于灭菌试管、平皿或小瓶中。

②脓汁及渗出液：用注射器或吸管抽取，置于灭菌试管中。若为开口病灶或鼻腔等，可用无菌棉签浸蘸后放在试管中。

③乳汁：乳房和挤乳者的手用新洁尔灭等消毒，弃去最初所挤的3～4股乳汁，再采集10 mL左右的乳汁于灭菌的试管中。若仅供镜检，则可于其中加入0.5%的福尔马林溶液。

④胆汁：采取方法同心血烧烙采取法。

⑤肠：用线扎紧一段肠道（5～10 cm）两端（图9-10），然后将两端剪断（图9-11），置于灭菌器皿中。亦可用烧烙采取法采取肠管黏膜或其内容物。

图 9-9　采集实质器官

图 9-10　肠道双结扎后剪取

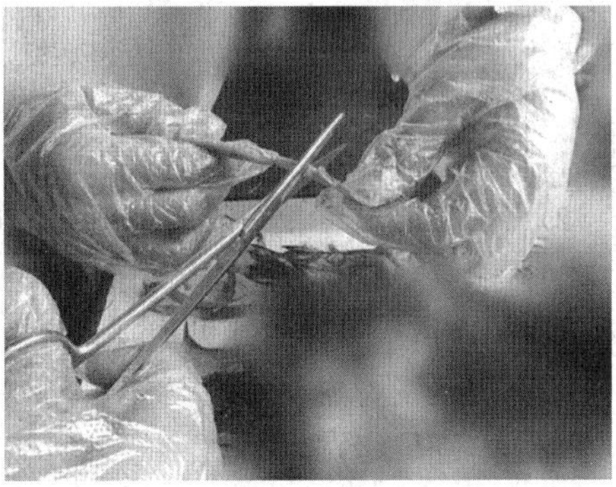

图 9-11　剪取肠道

⑥皮肤：取大小约10 cm×10 cm的皮肤一块，保存于30%甘油缓冲溶液中，或10%饱和盐水溶液，或10%福尔马林溶液中。

⑦胎儿、禽和小动物：将整个尸体包入不透水的塑料薄膜、油布或数层油纸中，装入箱内送检。

⑧脑、脊髓、管骨：可将脑、脊髓浸入50%甘油盐水中，或将整个头割下，或将整个管骨包入浸过0.1%升汞溶液的纱布或油布中，装箱送检。

⑨供镜检的涂片：先将脓汁、血液、黏液等病料置于玻片上，再用一灭菌签均匀涂抹，或用另一玻片抹之。组织块、致密结节及脓汁等，亦可夹在两张玻片之间，然后沿水平面向两端推移，制成推压片。用组织块做触片时（图9-12至图9-14），持小镊子将组织块的游离面在玻片上轻轻涂抹即可。每份病料制片不少于2～4张。制成后的涂片自然干燥，涂面相对，彼此中间垫以火柴棍或纸片，重叠后用线缠住，用纸包好。每片应注明号码，并附说明。

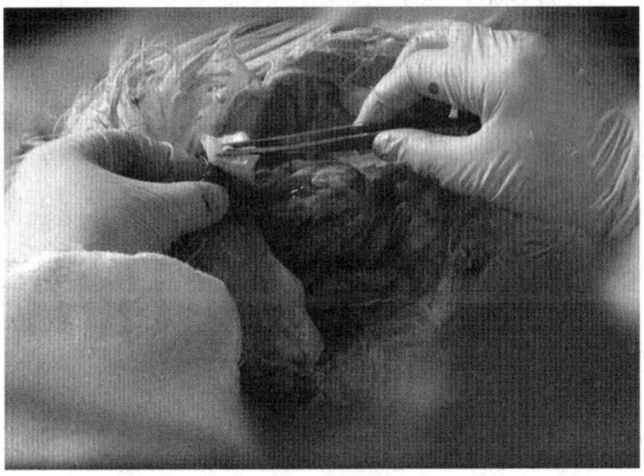

图 9-12　消毒脏器表面

图 9-13　剪取组织

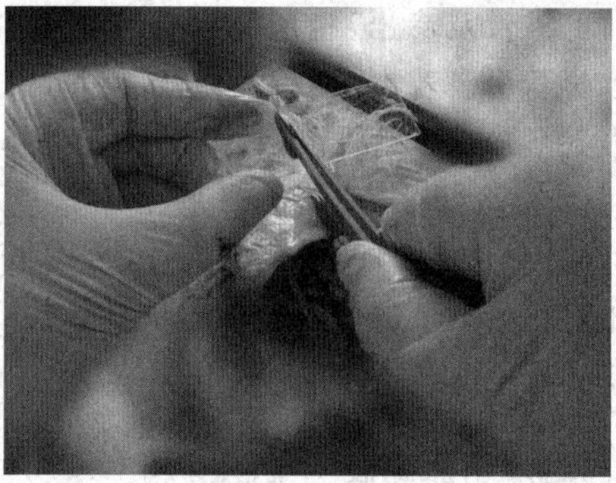

图 9-14　触片

(二)病料的保存

病料应保持新鲜状态,以免病料送达实验室时已失去原来状态,影响正确诊断。

1. 常用的保存剂

(1)病毒检验材料　一般用灭菌的50%甘油缓冲盐水或鸡蛋生理盐水。

(2)细菌检验材料　一般用灭菌的液状石蜡,或30%甘油缓冲盐水,或饱和氯化钠溶液。

(3)血清学检验材料　固体材料(小块肠、耳、脾、肝、肾及皮肤等)可用硼酸或食盐处理。液体材料如血清等可在每毫升中加入3%～5%石炭酸溶液1～2滴。

(4)病理组织材料　用10%福尔马林溶液和95%乙醇等。

2. 几种保存液的配制法

(1)30%甘油生理盐水溶液

中性纯甘油	30.0 mL	0.02%酚红	1.5 mL
氯化钠	0.5 g	中性蒸馏水	100.0 mL
碱性磷酸钠	1.0 g		

混合后置高压灭菌器中灭菌30 min。

(2)50%甘油缓冲盐水溶液

中性纯甘油	150.0 mL	酸性磷酸钠	0.46 g
中性蒸馏水	150.0 mL	碱性磷酸钠	10.74 g
氯化钠	2.5 g		

将后三种药物溶于100 mL中性蒸馏水中,然后与150 mL中性纯甘油和50 mL中性蒸馏水混合。混合后分装,于高压灭菌器内灭菌30 min。

(3)饱和食盐溶液　取一定量的蒸馏水加入纯氯化钠,不断搅拌至不能溶解为止(一般为8%～39%),然后用滤纸过滤。

(4)鸡蛋生理盐水溶液　先将新鲜鸡蛋的表面用碘酊消毒,然后打开将内容物倾入灭菌的三角瓶中,加灭菌生理盐水(占总量的10%),摇匀后,用灭菌纱布过滤,然后加热至56～58℃维持30 min,第2天及第3天按上述方法再加热一次,即可使用。

(三)病料的包装和送检方法

1. 病料送检单

病料送检时应附病料送检单,该单需复写三份,其中一份留为存根,两份寄往检验室,待检查完毕后，退回一份。送检单格式见附录一。

2. 病料的包装和送检

液体病料（如黏液、渗出液、尿及胆汁等）最好收集在灭菌玻璃管中，管口用火焰封闭，封闭时注意勿使管内病料受热。将封闭的玻璃管用棉花纸包裹，装入较大的试管中，再装盒运送。用棉签蘸取的鼻液及脓汁等物，可置于灭菌试管内，剪除多余的棉签，严密加塞，用蜡密封管口，再装盒送寄。

装盛组织或脏器的玻璃容器，包装时力求细致而结实，最好用双重容器或广口热水瓶。将盛材料的器皿和塞，用蜡封口后，置于内容器中，内容器中需垫充棉花或废纸。气候温暖时须加冰块，但避免病料与冰块直接接触，以免冻结。外容器内垫以废纸、木屑、石灰粉等，装入内容器后封好，外容器上需注明上下方向，最好以箭头注明，并写明“病理材料”“小心玻璃”等标记。当怀疑为危险传染病（炭疽、口蹄疫等）的病料时，应将盛病料的器皿置于金属匣内，将病匣焊封加印后装入木盒寄送。

病料装于容器内至送到检验部门的时间应越快越好。运送途中应避免病料接触高温及日光，以免材料腐败或病原微生物死亡。

实训十

消 毒

【实训目标】

通过实训使学生掌握消毒剂的配制方法和动物场的常用消毒方法。

【材料准备】

待选消毒药品(图 10-1):新鲜生石灰、粗制氢氧化钠、碳酸钠、来苏儿、福尔马林、高锰酸钾、百毒杀、消毒灵等;量筒、天平或台秤、盆、桶、缸、搅拌棒、橡皮手套、电炉;待消毒畜舍、喷雾器(图 10-2)、喷枪;清扫及洗刷等工具:高筒靴、工作服、口罩、毛巾、肥皂等。

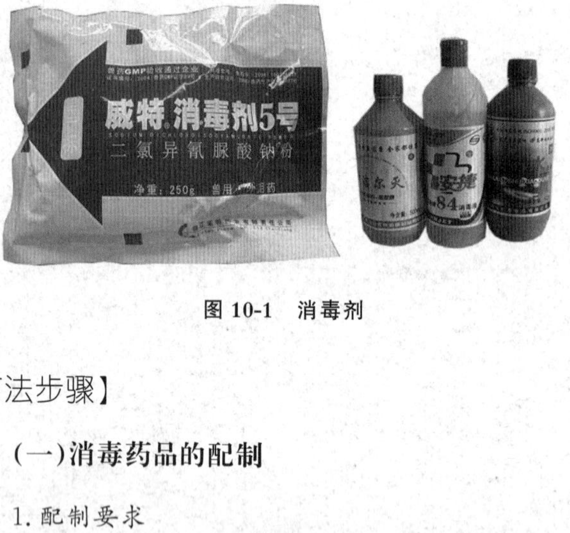

图 10-1　消毒剂

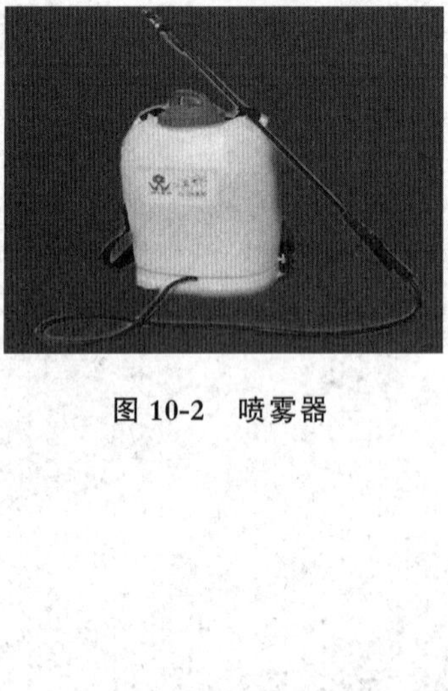

图 10-2　喷雾器

【方法步骤】

(一)消毒药品的配制

1. 配制要求

所需药品应准确称量。配制浓度应符合消毒要求,不得随意加大或减少。使药品完全溶解,混合均匀。

2. 配制方法

先将稀释药品所需要的水倒入配药容器(盆、桶或缸)中,再将已称量的药品倒入水中混合均匀或完全溶解即成待用消毒液。具体操作如下:

(1)5%来苏儿溶液　取来苏儿 5 份加入清水 95 份(最好用 50～60℃温水配制),混合均匀即成。

(2)20%石灰乳　比例按 1 kg 生石灰加 5 kg 水,用陶缸或木盆先把等量水缓慢加入石灰内,待石灰变为粉状再加入余下的水,搅匀即成。

(3)漂白粉乳剂及澄清液　在漂白粉中加入少量水，充分搅成稀糊状，然后按所需浓度加入全部水(25℃左右温水)。

20%漂白粉乳剂：按 1 000 mL 水加漂白粉 200 g(含有效氯 25%)的比例配制成混悬液。

20%漂白粉澄清液：20%漂白粉乳剂静置后上液即为澄清液，使用时稀释成所需浓度。

(4)10%福尔马林溶液　100%福尔马林为 40%甲醛溶液(市售商品)。按 10 mL 福尔马林加 90 mL 水的比例配成(即 4%甲醛溶液)，如需其他浓度溶液，同样按比例加入福尔马林和水。

(5)粗制苛性钠溶液　如欲配 4%苛性钠溶液，称 4 g 苛性钠，加水 100 mL(60～70℃)，搅匀即成。

(二)畜舍消毒

1. 机械清除法

(1)打扫舍内卫生、清除粪便等污物　先扫棚顶、墙壁，再清除水槽、网床、栅栏、笼架等。凡废弃污物均在指定地方消毒处理。

(2)洗刷舍内设施　冲洗地面、粪槽(沟)和清粪工具。

①对舍内一切设施包括门窗认真洗刷干净，所有物品包括墙壁等均不允许有污点存在。

②水泥地面、粪槽、清粪机械等彻底冲洗干净。

③土或砖地面，彻底扫净。为避免尘土飞扬可先洒适量水，片刻后再扫干净即可。

2. 化学消毒法

(1)消毒器械的使用　喷雾器有两种，一种是手动喷雾器，另一种是机动喷雾器。手动喷雾器又有背携式、手压式两种，常用于小面积消毒。机动喷雾器又有背携式、担架式两种，常用于大面积消毒。

喷雾器在使用之前，要进行检查，调试，熟悉操作要领，具备一般使用和维护常识。

装药时，消毒剂中的不溶性杂质和沉渣不能进入喷雾器。消毒剂不能装得太满，以八成为宜，否则，不易打气或造成筒身爆裂。打气时感觉有一定抵抗力(反弹力)时即可喷洒。消毒完成后，当喷雾器内压力很强时，先打开旁边的小螺丝放完气，再打开桶盖，倒出剩余的药液，用清水将喷管、喷头和筒体冲干净，晾干或擦干后放在通风、阴凉、干燥处保存。切忌阳光曝晒，喷雾器应经常维修保养。

(2)喷洒消毒(图 10-3、图 10-4)　畜、禽舍喷洒消毒一般以“先里后外、先上后下”的顺序喷洒为宜，先里、先上即从畜舍的最里头、最上面(顶棚或天花板)开始，后下至墙壁、设备和地面仔细喷洒，边喷边退；后外即如此喷洒顺序逐渐退至门口，喷洒消毒完成。用药量视畜舍结构和性质适量控制。水泥地面、顶棚、砖混墙壁的建筑，控制在 800 mL/m^2 左右；土地面、土墙或砖木结构建筑，用药量为 1 000～1 200 mL/m^2。舍内设备用药量为 200～400 mL/m^2。启用前用清水刷洗料槽、水槽，开门窗通风，消除药味。

(3)熏蒸消毒(图 10-5)　常用福尔马林熏蒸，测算畜舍空间，按每立方米用福尔马林 25 mL、水 12.5 mL、生石灰(或高锰酸钾)25 g 计算总用药量，舍内用具、物品适当摆开，密闭门窗，室内温度保持 15～18℃以上，若无暖气，应架煤炉或电炉升温，但电炉电源开关应在室外控制。盛药容器用不漏旧铁锅或铁桶、铁箱等代替蒸发器。动物圈舍长在 50 m 以上者，每 20 m 放一个容器一字摆开。计量加入福尔马林与水混合，再加入生石灰或高锰酸钾，立

图 10-3 空舍消毒

图 10-4 带雏消毒

即搅拌，人员迅速离开，依次向门口逐个快速操作，尽量缩短人员在舍内停留的时间。将门关闭、密闭熏蒸 12～24 h，消毒完成后，打开门窗通风（若不急用畜舍，熏蒸时间可延长）。若急用畜舍，可用氨气中和甲醛，每立方米空间取氯化铵 5 g、生石灰 2 g、加入 75℃的水 7.5 mL，混合于小桶内放入动物圈舍。也可用氨水代替，每立方米空间用 25%氨水 12.5 mL，中和 20～30 min，打开门窗通风 20～30 min，即可启用。

图 10-5 空舍熏蒸消毒

（三）地面土壤的消毒

病畜的排泄物（粪、尿）和分泌物（鼻汁、唾液、奶汁和阴道分泌物等）内常常含有病原微生物，可污染地面、土壤，因此应对地面、土壤进行消毒，以防传染病继续发生和蔓延。消毒土壤表面可用含 2.5%有效氯的漂白粉溶液、4%福尔马林或 10%氢氧化钠溶液。

停放过芽孢杆菌所致传染病（如炭疽、气肿疽等）病畜尸体的场所，或者是此种病畜倒毙的地方，应严格加以消毒处理，首先用含 2.5%有效氯的漂白粉溶液喷洒地面，然后将表层土壤掘起 30 cm 左右，撒上干漂白粉并与土混合，将此表土运出掩埋。在运输时应用不漏土的车以免沿途漏撒，如果无条件将表土运出，则应多加干漂白粉的用量（漂白粉 5 kg/m²），将漂白粉与土混合，加水湿润后原地压平。其他传染病所污染的地面土壤消毒，如为水泥地，则用消毒液仔细刷洗，如为土地，则可将地面翻一下，深度约 30 cm，在翻地的同时撒上干漂白粉（0.5 kg/m²），然后以水湿润、压平。如果放牧地区被某种病原体污染，一般利用自然力（如阳光、种植某些对病原微生物起有害作用的植物如黑麦、小麦、葱等）使土壤发生自净作用来消除病原微生物，但在牧场土壤自净之前，或是被接种疫苗的动物产生免疫之前，动物不应再在这种地区放牧。如果污染的面积不大，则应使用化学药剂消毒。

（四）粪便的消毒

1. 焚烧法

这是消灭一切病原微生物最有效的方法，故用于消毒最危险的传染病病畜的粪便（如炭疽、马脑脊髓炎、牛瘟等）。焚烧的方法是在地上挖一个坑，深 75 cm，宽 75～100 cm，在距坑底 40～50 cm 处加一层铁梁（要比较密些，否则粪便容易落下），在铁梁下面放置木材等燃料，在铁梁上放置欲消毒的粪便。如果粪便太湿，可混合一些干草，以便迅速烧毁。此种方法的缺点是能损失有用的肥料，并且需要用很多燃料，故此法除非必要很少应用。

2. 化学药品消毒法

消毒粪便用的化学药品有含 2%～5%有效氯的漂白粉溶液、20%石灰乳。但是这种方法既麻烦，又难达到消毒的目的，故实践中不常用。

3. 掩埋法

将污染的粪便与漂白粉或新鲜的生石灰混合，然后深埋于地下，埋的深度应达 2 m 左右，此种方法简而易行，在目前条件下实用。但病原微生物可经地下水散布以及损失肥料是其缺点。

4. 生物热消毒法

这是一种最常用的粪便消毒法。应用这种方法，能使非芽孢病原微生物污染的粪便变为无害，且不丧失肥料的应用价值。粪便的生物热消毒法通常有两种，一为发酵池法；二为堆粪法。

（1）发酵池法　这种方法适用于饲养大量动物的农牧场，多用于稀薄粪便的发酵。其设备为距农牧场 200～250 m 以外无居民、河流、水井的地方挖筑两个或两个以上的发酵池（池的数量与大小决定于每天运出的粪便数量）。池可筑成方形或圆形，池的边缘与池底用砖砌后再抹以水泥，使不透水。如果土质干固、地下水位低，可以不必用砖和水泥。使用时先在池底倒一层干粪，然后将每天清除的粪便垫草等倒入池内，直到快满时，在粪便表面铺一层干粪或杂草，上面盖一层泥土封好，如条件许可，可用木板盖上，以利于发酵和保持卫生。粪便经用上述方法处理后，经过 1～3 个月即可掏出作肥料用。在此期间，每天所积的粪便可倒入另外的发酵池，如此轮换使用。

（2）堆粪法　这种方法适用于干固粪便（如马、羊、鸡粪等）的处理。在距农牧场 100～200 m 以外的地方设一堆粪场。堆粪的方法如下：在地面挖一浅沟，深约 20 cm，宽 1.5～2 cm，长度不限，随粪便多少而定。先将非传染性的粪便或稿秆等堆至 25 cm 厚，其上堆放欲消毒的粪便、垫草等，高达 1～1.5 m，如此堆放 3 周到 3 个月，即可用以肥田。当粪便较稀时，应加些杂草，太干时倒入稀粪或加水，使其不稀不干，以促其迅速发酵。

（五）污水的消毒

兽医院、牧场、产房、隔离室、病厩以及农村屠宰动物的地方，经常有病原体污染的污水排出，如果这种污水不经处理任意外流，很容易使疫病散布出去，而给邻近的农牧场和居民造成很大的威胁。因此对污水的处理是很重要的。

污水的处理方法有沉淀法、过滤法、化学药品处理法等。比较实用的是化学药品处理法。方法是先将污水处理池的出水管用一木闸门关闭，将污水引入污水池后，加入化学药品（如漂白粉或生石灰）进行消毒，消毒药的用量视污水量而定（一般 1 L 污水用 2～5 g 漂白粉）。

（六）消毒质量的检查

1. 房舍机械清除效果检查

在检查房舍机械清除的质量时，检查地板、墙壁以及房舍内所有设备的清洁程度。此外，检查挽具和管理用具的确实消毒程度以及检查所采取的消毒粪便的方法（是否进行生物热消毒、焚烧等）。

2. 消毒药剂选择正确性的检查

了解消毒工作记录表、消毒药的种类、消毒药的浓度、温度及其用量。检查消毒药剂浓度时，可以从剩余未用完的消毒液中取样品进行化学检查（如测定含甲醛、活性氯的百分数）。

检查含氯制剂的消毒效果时，可应用碘淀粉法。即取玻瓶两个，第一个瓶盛3%碘化钾和2%淀粉糊的混合液（加等量的6%碘化钾和4%淀粉糊即成3%碘化钾和2%淀粉糊的混合液，淀粉糊最好用可溶性淀粉配制）。第二个瓶装上3%次亚硫酸盐。已装溶液的这些瓶上应有标签，并保存在暗处。

检查的方法如下：在火柴棒的一端卷上少量的棉花，将做成的这个棉球置入第一个瓶，蘸上碘化钾液和淀粉糊的混合液。如果用浸湿了的棉球接触消毒过的表面，就可以看到在被检对象的表面上（即在与棉球接触过的地方）以及在棉球上都呈现出一种特殊的蓝棕色，而着色的强度取决于游离氯的含量及被消毒表面的性质。在表面染上的颜色用另一个浸有次亚硫酸盐溶液的棉球擦其表面之后，则颜色即消失。此种检查可以在消毒之后的两昼夜内进行。

3. 消毒对象的细菌学检查

消毒以后由地板（在畜舍的动物后脚停留的地方）、墙壁上、畜舍墙角以及饲槽上取样品，用小解剖刀在上述各部位划出大小为10 cm×10 cm的正方形数块，每个正方形都用灭菌的湿棉签（干棉签的重量为0.25～0.33 g）擦拭1～2 min，将棉签置入中和剂（30 mL）中并蘸上中和剂然后压出、蘸上、压出，如此进行数次之后，再放入中和剂内5～10 min，用镊子将棉签拧干，然后把它移入装有灭菌水（30 mL）的罐内。

当以漂白粉作为消毒剂时，可应用30 mL的次亚硫酸盐中和，碱性溶液用0.01%醋酸30 mL中和，福尔马林用氢氧化铵（1%～2%）作为中和剂。当以克辽林、来苏儿以及其他药剂消毒时，没有适当的中和剂，而是在灭菌的水中洗涤两次，时间为5～10 min，依次把棉签从一个罐内移入另一个罐内。

送到实验室去的灭菌水里的样品在当天经仔细地把棉签拧干和将液体搅拌之后，将此洗液的样品接种在远藤氏培养基上。为此，用灭菌的刻度吸管由小罐内吸取0.3 mL的材料倾入琼脂平皿表面，并且用巴氏吸管做成的“刮”，在琼脂平皿表面涂布，然后仍用此“刮”涂布第二个琼脂平皿表面。接种了的平皿置入37℃温箱，24 h后检查初步结果，48 h后检查最后结果。如在远藤氏培养基上发现可疑菌落时，即用常规方法鉴别这些菌落。在所取的样品中没有肠道杆菌菌落存在时，证明所进行的消毒质量是良好的，有肠道杆菌的生长，则说明消毒质量不良。

4. 粪便生物热消毒效果的检查

常用下列两种方法检查。

（1）测温法　应用装在金属套管内的最高化学用温度计测定粪便的温度，根据在规定的时间内粪便的温度来决定消毒的效果。

（2）细菌学方法　利用细菌学方法测定粪便中的微生物数量及大肠杆菌价。方法是：将样品称重，与砂混合置研钵内研碎，然后加入100 mL的灭菌水稀释。将液体与沉淀从乳钵移入含有玻珠的小烧瓶内，振荡10 min后用纱布过滤。将过滤液分别接种于普通琼脂平皿及远藤氏培养基上，置37℃温箱培养24 h，然后在琼脂平皿上计算微生物的数量，在远藤氏培养基上测定大肠杆菌价。

样品应当在粪便发热（例如温度升高到60～70℃）时采取。因为粪便冷却后，渗入下部的微生物（例如随雨水渗入的微生物），会重新散布到粪便内，而改变微生物的数量和成分，为了对照起见，还应测定欲消毒粪便在消毒前的微生物数和大肠杆菌价。

【注意事项】

①生石灰遇水产生高温，应在搪瓷桶、盆或铁锅中配制为宜。

②对有腐蚀性的消毒药品，如氢氧化钠在配制时，应戴橡皮手套操作，严禁用手直接接触，以免灼伤。

③对配制好的有腐蚀性的消毒液，应选择塑料或搪瓷桶、盆中储存备用。严禁储存于金属容器中，避免损坏容器。

④大多数消毒液不易久存，应现用现配。

⑤每次实训前，指导教师充分做好准备并落实场地和各种用品，操作前应进行示教和安全教育。

⑥严防工作人员感染和病原体散播。

⑦实训结束后做好消毒器械及用品的维护、保养。

实训十一

动物免疫接种技术

【实训目标】

通过实训使学生掌握疫苗的稀释方法和常用的免疫接种方法。

【材料准备】

(1)待免动物　禽、猪、牛、羊和其他动物等。

(2)免疫用疫苗　禽、猪、牛、羊和其他动物常用弱毒疫苗(图 11-1)及灭活疫苗(图 11-2),相应稀释液。

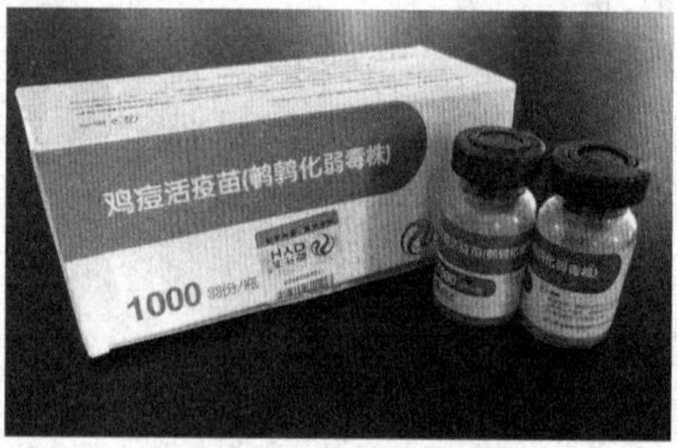

图 11-1　弱毒疫苗

图 11-2　灭活疫苗

(3)器材　75%酒精、5%碘酒、来苏儿、新洁尔灭;脱脂棉、纱布、消毒锅、镊子、剪刀、毛剪、金属注射器、玻璃注射器、连续注射器、兽用皮下注射针头、肌肉注射针头、乳头滴管、体温计、气雾免疫发生器(图 11-3)、带盖搪瓷盘、桶、脸盆、肥皂、毛巾、工作服、帽、胶靴、登记册或卡等。

材料准备见图 11-4。

图 11-3　气雾免疫发生器

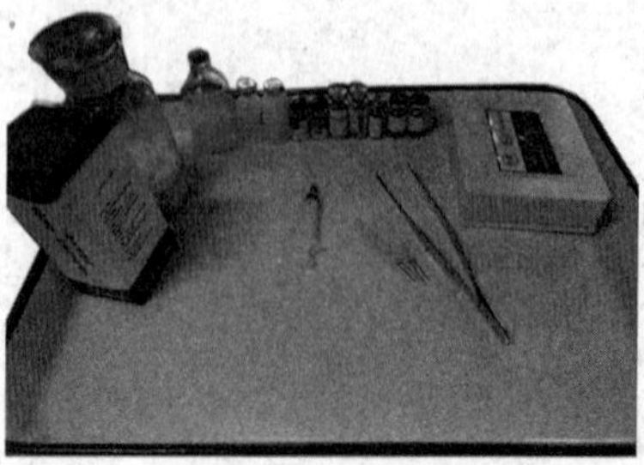

图 11-4　材料准备

【方法步骤】

本实训分别在猪场、鸡(禽)场、牛场、羊场进行。每次实训可任选一种或两种免疫方法进行操作。

(一)预防接种前的准备

(1)根据动物免疫接种计划,确定接种日期,准备足够的生物制剂、器材、药品,免疫登记表,安排及组织接种和动物保定人员,按照免疫程序有计划地进行免疫接种。

(2)免疫接种前,必须对所使用的生物制剂进行仔细检查(图 11-5),不符合要求的一律不得使用。有下列情况之一者不得使用:①没有瓶签或瓶签模糊不清,没有经过合格检查者;②过期失效者;③生物制品的质量与说明书不符的,如色泽、沉淀、制品内有异物、发霉和有异味的;④瓶塞松动或瓶壁破裂者;⑤没有按规定方法保存者,如加氢氧化铝的菌苗经过冻结后,其免疫力可降低。

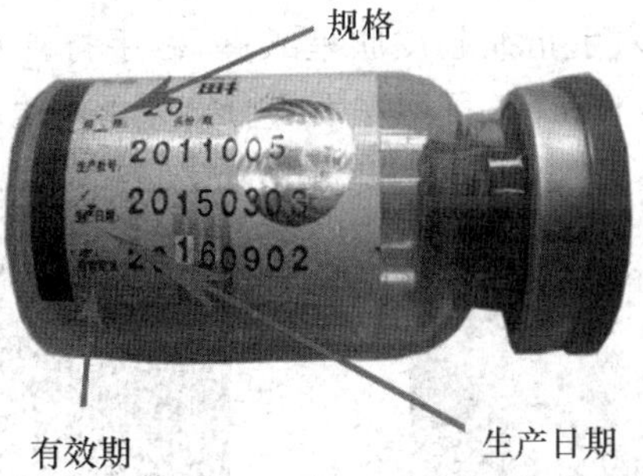

图 11-5　有效期和生产日期

(3)免疫接种前,对预接种的动物进行临诊观察,必要时进行体温检查。凡体质过于瘦弱的动物,妊娠后期的母畜、未断奶的幼畜、体温升高者或疑似患病动物均不应接种疫苗,对这些动物等条件适宜时及时补种。

(4)器械的消毒,将所用器械利用高压蒸汽灭菌器灭菌 20～30 min 或煮沸消毒 30 min,冷却后用无菌纱布包裹备用。

(5)免疫接种前,对饲养员及相关人员进行免疫接种知识的培训,明确免疫接种的重要性,注意对免疫接种后动物的管理与观察。

(二)疫苗的稀释

各种疫苗使用的稀释液、稀释倍数和稀释方法都有明确规定,必须严格地按生产厂家的使用说明书进行。稀释疫苗用的器械必须是无菌的,否则,不但影响疫苗的效果,而且会造成人为的污染。

1. 注射用疫苗(马立克氏疫苗)的稀释

用 75%酒精棉球擦拭消毒疫苗和稀释液的瓶盖,然后用带有针头的灭菌注射器吸取少量稀释液注入疫苗瓶中,充分振荡溶解后,再加入全量的稀释液。

2. 饮水用疫苗(传染性法氏囊炎疫苗)的稀释

饮水(或气雾)免疫时,疫苗最好用蒸馏水或无离子水稀释,也可用洁净的深井水或泉水稀释，不能用自来水，因为自来水中的消毒剂会把疫苗中活的微生物杀死，使疫苗失效。稀释前先用酒精棉球消毒疫苗的瓶盖，然后用灭菌注射器吸取少量的蒸馏水注入疫苗瓶中，充分振荡溶解后，抽取溶解的疫苗注入干净的容器中，再用蒸馏水把疫苗瓶冲洗几次，使全部疫苗所含病毒（或细菌）都被冲洗下来。然后按一定剂量加入蒸馏水。

（三）免疫接种的方法

1. 皮下注射法

注射部位：对马、牛等大动物皮下注射时，一律采用颈侧部位，猪在耳根后方，家禽在颈部（图 11-6）或大腿内侧，羊在股内侧、肘后及耳根处，兔在耳后或股内侧。

注射方法：左手拇指与食指捏取皮肤呈皱褶，右手持注射针管在皱褶底部稍倾斜快速刺入皮下，缓缓推药。注射完毕，将针拔出，立即以药棉揉擦，使药液散开。

2. 皮内注射法

目前仅羊痘弱毒疫苗采用皮内注射（图 11-7）。注射部位多在尾根或尾下。

注射方法：常规消毒，用左手指捏起皮肤呈皱褶，右手持针从皱褶顶部与之呈 20°～30°角向下刺入皮肤内，缓慢注入疫苗，也可用左手的拇指与食指捏起皮肤呈皱褶进针。

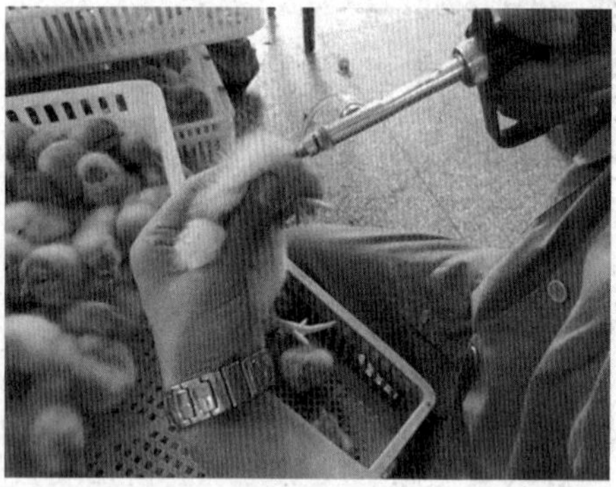

图 11-6　鸡马立克氏疫苗接种

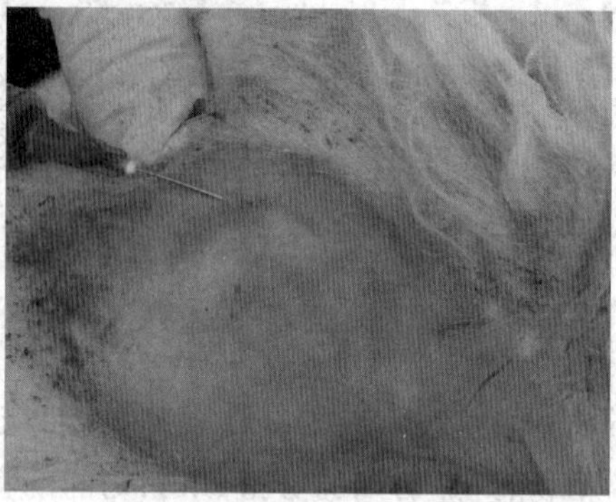

图 11-7　羊豆疫苗接种

3. 肌肉注射法

注射部位：马、牛、猪、羊的肌肉注射一律采用臀部或颈部，禽多在胸部肌肉注射（图 11-8）。

注射方法：左手固定注射部位，右手拿注射器，针头垂直刺入肌肉内，然后左手固定注射器，右手将针芯回抽一下，如无回血，将药液慢慢注入。若发现有回血，应变更位置。如动物不安或皮厚不易刺入，可将注射针头取下，右手拇指、食指和中指紧持针尾，对准注射部位迅速刺入肌肉，然后针尾与注射器连接可靠后，注入疫苗。

注意：注射时要将针头留有 1/4 在皮肤外面，以防折针后不易拔出。

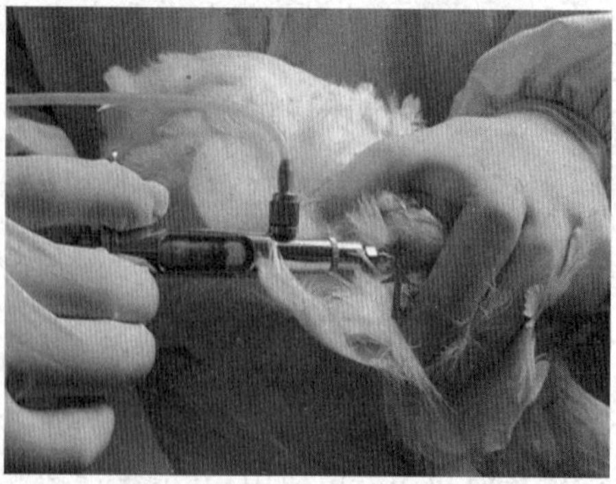

图 11-8　鸡肌肉注射疫苗

4. 饮水免疫法

是将可供口服的疫苗混于水中，动物通过饮水而获得免疫，饮水免疫时，应按动物头数和每头动物平均饮水量，准确计算需用稀释后的疫苗剂量，以保证每一个体都能饮到一定量的疫苗。免疫前应限制饮水，夏季一般为 4 h，冬季一般为 6 h，保证疫苗稀释后在较短时间内饮完。混有疫苗的饮水要注意温度，一般以不超过室温为宜。此法已用于鸡传染性法氏囊炎疫苗和鸡新城疫Ⅳ系弱毒苗等的免疫。本法具有省时省力的优点，适用于大群动物的免疫。由于动物的饮水量有多有少，饮水免疫时应分两次完成，即连续两天，每天饮 1 次，这样可缩小个体间饮苗量的差距。

5. 刺种法

在翅下无毛处避开血管，用刺种针或蘸笔尖蘸取疫苗刺入皮下（图 11-9），为可靠起见，最好刺两下，如鸡新城疫Ⅰ系疫苗经 10 倍稀释后进行刺种。

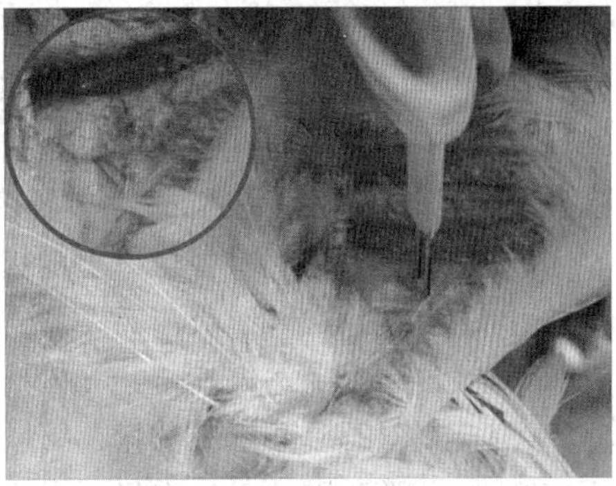

图 11-9　鸡痘刺种免疫

6. 滴鼻、点眼法

用乳头管吸取疫苗（0.03～0.04 mL）滴于鼻孔（图 11-10）或眼内（图 11-11）、1～2 滴（小鸡 1 滴，大鸡 2 滴），如鸡新城疫克隆苗的免疫接种。

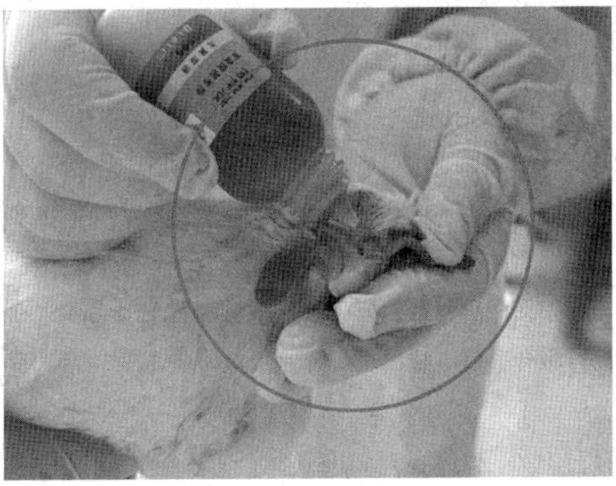

图 11-10　滴鼻免疫接种

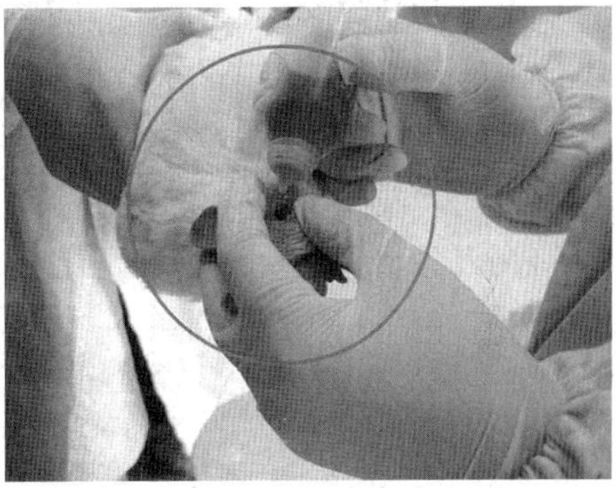

图 11-11　点眼免疫接种

7. 气雾免疫法

此法是用压缩空气通过气雾发生器将稀释疫苗喷射出去，使疫苗形成直径 1×10^{-6}～1×10^{-5} m 的雾化粒子，均匀地浮游在空气之中，通过呼吸道吸入肺内，以达到免疫目的。

（四）生物药品的保存和运送方法

1. 生物制品的保存

各种生物制品应保存于低温、阴暗及干燥的场所。菌苗、类毒素、免疫血清等应保存在 2～15℃，防止冻结；病毒性疫苗应放在 0℃以下冻结保存。在不同温度条件下保存，不得超过所规定的期限，超过有效期的制剂不能使用。

2. 生物制品的运送

要求包装完善，防止碰坏瓶子和散播活的弱毒病原微生物。运送途中避免日光直射和高温，并尽快送到保存地点或预防接种场所。弱毒苗应在低温条件下运送，大量运送应用冷藏车，少量运送可装在装有冰块的广口瓶内，以免降低或丧失疫苗性能。

【注意事项】

①工作人员需穿工作服及胶鞋，必要时戴口罩。工作前后均应洗手消毒，工作中不应吸烟和吃食物。

②接种时严格执行消毒及无菌操作。注射器、针头、镊子应高压或煮沸消毒。注射时最好每注射一头动物更换一个针头。在针头不足时可每吸液一次更换一个针头，但每注射一头后，应用酒精棉球将针头拭净消毒后再用。注射部位皮肤用5%的碘酊消毒，皮内注射及皮肤刺种用75%酒精消毒，被毛较长的剪毛后再消毒。

③吸取疫苗时，先除去封口上的火漆或石蜡，用酒精棉球消毒瓶塞。瓶塞上固定一个消毒的针头专供吸取药液，吸液后不拔出，用酒精棉包好，以便再次吸取。给动物注射用过的针头不能吸液，以免污染疫苗。

④疫苗使用前，必须充分振荡，使其均匀混合后才能使用。免疫血清则不应振荡，沉淀不应吸取，并随吸随注射。需经稀释后才能使用的疫苗，应按说明书的要求进行稀释。已经打开瓶塞或稀释过的疫苗，必须当天用完，未用完的处理后弃去。

⑤针筒排气溢出的药液，应吸集于酒精棉球上，并将其收集于专用的瓶内。用过的酒精棉球、碘酊棉球和吸入注射器内未用完的药液都放入专用瓶内，集中烧毁。

⑥实训中应注意安全。

实训十二

传染病动物尸体的处理

【实训目标】

通过实训使学生初步掌握传染病动物尸体的运送及正确的处理方法。

【材料准备】

铁锹、运尸车、绳子、棉花、纱布、工作服、口罩、风镜、胶鞋、手套、消毒剂、染料等。

【材料准备】

本实训内容较多，可任选一两种尸体的处理方法进行操作。注意人员安全。

（一）尸体的运送

运送前，所有参加人员均要穿戴工作服、口罩、风镜、胶鞋和手套（图 12-1）。运送尸体应用特别的运尸车（此车内壁衬钉有铁皮，可以防止漏水）运送。装车前应将尸体各天然孔用蘸有消毒药液的湿纱布、棉花严密填塞，以免流出粪便、分泌物、血液等污染周围环境。在尸体躺过的地方应铲去表层土，连同尸体一次运走，并以消毒药液喷洒消毒。运送尸体的用具、车辆严加消毒，工作人员被污染的手套、衣物、胶鞋等亦应进行消毒。

图 12-1　工作人员

（二）处理尸体的方法

尸体处理应按 GB 16548—1996《畜禽病害肉尸及其产品无害化处理规程》的规定，不同疫病采取不同方法处理。

1. 高温煮沸处理法

将肉尸分成重 2 kg、厚 8 cm 的肉块，放在大铁锅内（有条件的可用蒸汽锅），煮沸 2～2.5 h，煮到猪的深层肌肉切开为灰白色，牛的深层肌肉为灰色，肉质无血色时即可。适用对象为猪肺疫、结核病、弓形虫病等。

2. 化制处理法

即炼制法。

(1)土灶炼制　炼制时锅内放入 1/3 清水煮沸，再加入用作化制的脂肪和肥膘小块，边搅拌边将浮油取出，再用压榨机压出油渣内油脂。但这种方法不适用患有烈性传染病的患病动物肉尸。

(2)湿炼法　是用湿化机进行处理患病动物和废弃物的炼制法。将高压蒸汽通入机内炼制，此方法可以处理烈性传染病患病动物肉尸。

(3)干炼法　使用卧式带搅拌器的夹层真空锅。炼制时，将肉尸切成小块，放入锅内，蒸汽通过夹层，使锅内压力增高，升至一定温度，以破坏炼制物结构，使脂肪液化从肉中析出，同时也可杀灭细菌。适用对象为猪肺疫、仔猪副伤寒、结核病等。

湿炼法和干炼法需要有一定设备，大型肉类联合加工厂采用多。

3. 尸体掩埋法

①在较大的动物交易场所及装卸动物较多的车站、码头、屠宰场、养猪场、畜牧场要有传染病隔离圈和死亡动物掩埋地点。

掩埋地点应选择离住宅、道路、放牧地、池塘、河流等较远，地下水位低，土质干燥的地方。掩埋大牲畜，挖长 2 m、宽 1.5 m、深 2～2.5 m 的坑，在掩埋时先向坑内撒一层新鲜石灰，尸体投入后，再撒一层石灰，然后掩埋(图 12-2)。

②在一般较小的屠宰场或动物检疫部门可设一定规模的生物热尸体处理坑，即腐败池(图 12-3)，利用生物热发酵将病原微生物杀死。尸坑为井式，深度为 8～10 m，坑宽 1.5～2 m。坑口有一木盖。坑口周围加高，在距坑口木盖的上面 0.5～1 m 再盖一严密的盖，隔绝坑外空气进入坑内，可促使尸体很快腐烂发酵。一般 2～3 个月即可完全腐烂。此法适用非烈性传染性疫病的死亡动物。

图 12-2　掩埋法

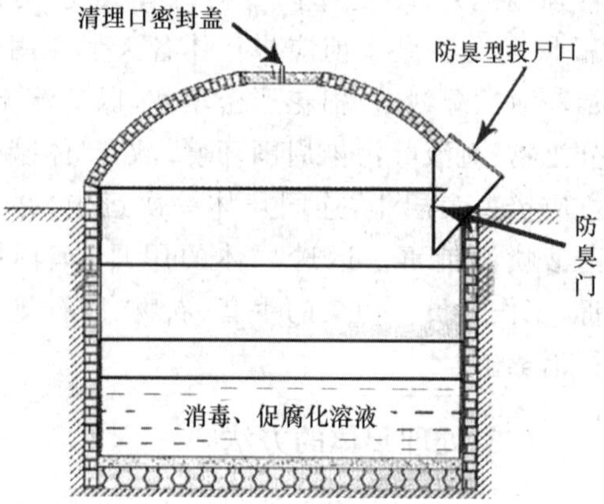

图 12-3　腐败池

4. 尸体焚烧法

焚烧大牲畜尸体方法是将患病动物尸体、内脏、病变部分投入焚化炉(图 12-4)中烧毁炭化。其他方法还有长方形坑焚烧法(图 12-5)：挖一长方形坑，坑长 2.5 m、宽 1.5 m、深 0.6 m，将挖出的土堆在坑的四周成为土埂。坑内装满木柴，在坑口放上 3 根用水泡湿的横木，将尸体放在横木上，在尸体和木柴上浇柴油点燃，直至将尸体烧成像黑炭为止，最后就地埋在坑内。适用对象为国家规定的烈性传染病。

图 12-4　焚化炉

图 12-5　长方形坑焚烧法

实训十三

大肠杆菌病的实验室诊断

【实训目标】

掌握大肠杆菌病的病理剖检特征和微生物学诊断方法。

【材料准备】

（1）材料　普通肉汤、营养琼脂平板、麦康凯琼脂平板、伊红美蓝琼脂平板、三糖铁琼脂、糖发酵培养基、蛋白胨水、明胶培养基、葡萄糖蛋白胨水、普通半固体培养基、柠檬酸盐斜面培养基、革兰氏染色液等。

（2）用具　剪刀、镊子、接种环、酒精灯、酒精棉球、恒温培养箱、无菌注射器等。

（3）动物　大肠杆菌病死动物，健康 10 日龄小鼠等。

【方法步骤】

（一）大肠杆菌病的病理剖检

根据具体情况，选择仔猪黄痢、仔猪白痢、仔猪水肿病、羔羊大肠杆菌病或鸡大肠杆菌病等病例或尸体，应用病理剖检技术进行剖检，详细观察其病理变化。

家畜的主要病变是尸体脱水严重；肠道急性卡他性炎症，黏膜肿胀、充血、出血，肠系膜淋巴结肿胀发红（图 13-1）；肠壁和肠系膜水肿；脑膜充血、出血；羊有时可见纤维素性关节炎。

家禽的主要病变是纤维素性心包炎和肝周炎（图 13-2）。心包积液，心包膜混浊、增厚，严重时有纤维素性渗出物、与心肌粘连；肝脏不同程度的肿大，表面有不同程度的纤维素性渗出物，严重时整个肝脏被一层白色或灰白色纤维素性薄膜包裹。

图 13-1　仔猪肠系膜肿胀发红

图 13-2　鸡心包炎和肝周炎

(二)微生物学诊断

1. 病料采集

应从新鲜尸体中采样，最好死后立即采取，以不超过 6 h 为宜。主要采取实质器官，如肝、脾、肾、淋巴结等；如疑似急性大肠杆菌败血症，应采取无菌心血；若出现纤维素性渗出物，应用灭菌棉拭子从心包腔、气囊以及关节腔中采取样品。如果发病超过 1 周，或投服敏感性药物后，往往不容易分离到大肠杆菌。

2. 分离培养

无菌操作采取病料，直接接种于麦康凯琼脂平板和伊红美蓝琼脂平板上，置 37℃温箱培养 24 h。如果是大肠杆菌可在麦康凯琼脂平板上长出 1～2 mm，中央凹陷的粉红色圆形菌落(图 13-3)；在伊红美蓝琼脂平板上长出紫黑色带金属光泽的菌落(图 13-4)。

图 13-3　大肠杆菌在麦康凯琼脂上的菌落

图 13-4　大肠杆菌在伊红美蓝琼脂上的菌落

3. 染色镜检

将病料触片或将分离到的细菌涂片用革兰氏染色液染色后镜检。可见到两端钝圆的中等大小杆菌，革兰氏染色为阴性，多单个散在，有的成对排列，无芽孢。

4. 生化试验

从麦康凯琼脂平板挑取单个菌落接种于三糖铁琼脂上，37℃温箱培养 24 h，若底部产酸、产气，斜面上产酸(图 13-5)可疑为大肠杆菌，必要时可进一步做生化试验鉴定。大肠杆菌生化特性为可分解乳糖和葡萄糖，产酸产气，不分解蔗糖，不产生硫化氢；靛基质、MR 试验及 VP 试验均为阴性，利用枸橼酸盐试验阴性，不液化明胶，动力试验不定。

图 13-5　大肠杆菌发酵三糖铁产酸产气

5. 血清型鉴定

将培养物用 0.5% NaCl 溶液制成浓菌液，并分成 2 份。1 份经 100℃加热 1 h，另一份加 0.5%甲醛溶液于 37℃作用 24～48 h。分别用各种抗 O 和抗 OK 血清对上述菌液做玻板凝集试验鉴定血清型。

6. 致病性试验

将分离菌株的 18 h 肉汤培养物，每只 0.2 mL 分别皮下接种到 5 只 10 日龄小鼠，均在接种后 24～72 h 内死亡。

实训十四

炭疽的实验室诊断

【实训目标】

掌握炭疽实验室检验的步骤和方法。

【材料准备】

显微镜、香柏油、载玻片、酒精灯、剪刀、镊子、手术刀、接种环、二甲苯、擦镜纸、乳钵、小号铜锅、沉淀反应管、毛细吸管、清洁中号试管、玻璃漏斗、滤纸、漏斗架、革兰氏染色液、碱性美蓝染色液、肉汤、琼脂平板、血液琼脂平板、炭疽沉淀素血清、被检材料(疑似炭疽病料)。

【方法步骤】

(一)炭疽病畜的生前检查

流行特点　应了解病畜所在地区过去有无炭疽的发生、流行形式、发病季节、动物种类、发病和死亡情况、采取哪些相应的措施、对尸体如何处理以及近年来炭疽预防接种的情况等。

临诊检查　除精神、食欲、结膜、体温等一般检查外,应特别注意喉部、腹下等处有无肿胀(图 14-1)及肿胀的性质,病畜有无疝痛症(应与真疝痛区别),肛门突出流血(图 14-2),粪便是否带血。

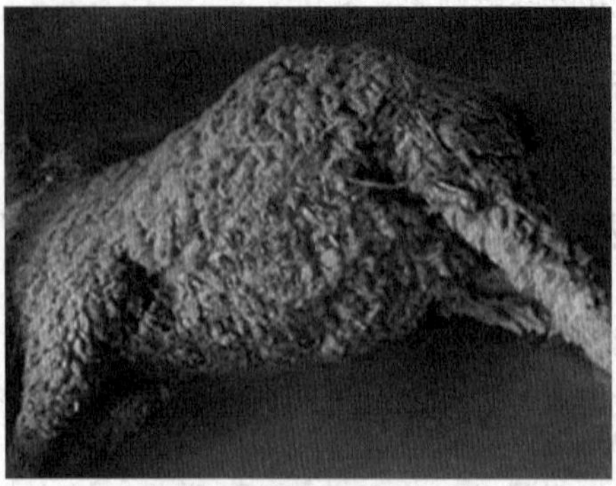

图 14-1　腹胀明显

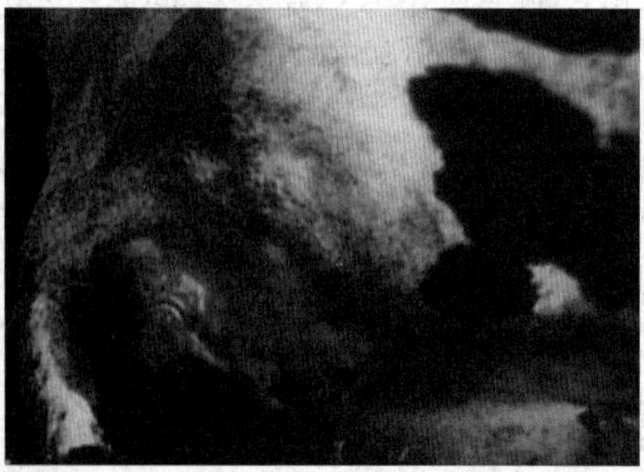

图 14-2　肛门突出流血

(二)检验材料的采取

疑为炭疽死亡的动物尸体,一般不作剖检,应先取末梢血管采血涂片镜检,作初步诊断。

炭疽病畜死前 4～20 h,炭疽杆菌才出现在血液中,且菌数很少。所以生前血片常不易查见细菌,最急性死亡的病畜血片也往往不易检出。炭疽痈的水肿液及脾脏的涂片,检出细菌的机会较多。不进行剖检的尸体可作局部解剖采取小块脾脏,然后将切口用浸透了浓漂白粉液的棉花或纱布堵塞,妥为包装后送检。

(三)镜检

新鲜病料制成涂片,用美蓝染色法,取病畜濒死时或刚死亡动物的血液作涂片标本,最好用瑞氏或姬姆萨染色法染色,镜检常可见到数量很多的有荚膜炭疽杆菌,单个或成对存在,偶有短链,菌端呈方形,荚膜呈深红紫色(图 14-3)。猪炭疽要采取病变部淋巴结或渗出液涂片检查。

(四)培养检查

无菌采取病畜濒死期或刚死动物的病理材料,直接接种于普通琼脂平板及普通肉汤培养基中,置 37℃ 培养 18～24 h,检查有无炭疽杆菌生长。如果检查材料已经陈旧或污染时,可将血液组织乳剂先放到肉汤中加温 65～70℃ 经 10 min,杀死无芽孢的细菌,然后吸取 0.5 mL,接种于普通琼脂平板进行分离培养。

图 14-3　炭疽荚膜

图 14-4　炭疽杆菌菌落

炭疽杆菌在普通琼脂平板上形成灰白色,不透明,扁平,表面粗糙,边缘不整齐,呈卷发样的菌落(图 14-4)。在鲜血琼脂上不溶血。为了鉴定分离的细菌为炭疽杆菌,必须接种各种培养基,观察菌体的形态,菌落的形态及生化反应,同时接种实验动物观察菌体的致病力。炭疽杆菌与伪炭疽杆菌有某些类似之处,可参照表 14-1 予以鉴别。

表 14-1　炭疽杆菌与伪炭疽杆菌鉴别比较

鉴别方法	炭疽杆菌	伪炭疽杆菌
运动力测定	无	一般有运动
高浓度 CO_2 下培养于血清培养基上生长物	有荚膜	有荚膜
普通琼脂培养基上生长物	常呈长链	常呈短链
普通肉汤培养物	不浑浊,无菌膜	常浑浊,有菌膜
明胶穿刺培养	倒立松树样生长,液化缓慢	无倒立松树样生长,液化常快速
羊血琼脂平板培养	溶血弱或不溶血	溶血明显
卵磷脂酶	产生量小,为弱阳性	蜡样杆菌常呈强阳性,大量产生
对实验动物致病能力	有致病力	大多数没有致病力

上述试验中，以运动力测定、荚膜形成、致病力以及卵磷脂酶试验较为重要。

（五）环状沉淀试验（Ascoli 试验）

用于检查可疑尸体的兽皮、器官和组织中炭疽杆菌（炭疽免疫血清能与炭疽芽孢杆菌的抗原浸出物形成一种沉淀物）。这种试验具有一定特异性。操作方法，采取 1 g 左右可疑病畜的组织，经研磨碎后，用 5～10 mL 含 10%醋酸的碳酸生理盐水稀释，煮沸 5 min，冷却后过滤即成抗原。干燥的皮、毛等需高压灭菌 60 min，冷却后将皮革剪成小块，加入 5～10 倍的 0.3%石炭酸生理盐水，于室温下浸泡 16～20 h，用滤纸滤过后的透明液即为抗原。然后取一支小试管，加入 0.5 mL 抗炭疽血清，再小心将抗原滤液置于其上，如在 15 min 内，在抗原与血清接触面形成一种环状浑浊的沉淀环，则表示阳性反应。本试验应设正常血清和正常组织作对照。

（六）串珠试验

炭疽杆菌在适当浓度青霉素溶液作用下，菌体肿大形成串珠，这种反应为炭疽杆菌所特有，因此可用此法与其他需氧芽孢杆菌相鉴别。取培养 4～12 h 的肉汤培养物三管，其中二管各及时加入每毫升含 5 U 和 10 U 青霉素溶液 0.5 mL（最终浓度含 0.5 U 和 1.0 U）混匀，另一管加生理盐水 0.5 mL，作为对照。置 37℃ 孵育 1～4 h（时间过久，串珠继续肿胀，容易破裂），取出加入 20%福尔马林溶液 0.5 mL，固定 10 min 后，涂片显微镜检查到典型串珠状者（图 14-5）可判定为炭疽杆菌。

图 14-5 炭疽杆菌青霉素串珠试验

实训十五

布鲁氏菌病的检疫

【实训目标】

掌握布鲁氏菌病常用的检疫方法。

【材料准备】

(1)用具　灭菌清洁小试管(试管口径为 1 cm)、试管架、0.5 mL 吸管、10 mL 吸管、移液器、洁净的玻璃板、牙签或火柴杆、温箱(图 15-1,图 15-2)。

(2)试剂　抗原、阳性血清和阴性血清由制标单位提供,按说明书使用。0.5%石炭酸生理盐水。检验羊血清时用含 0.5%石炭酸的 10%盐溶液,如果血清稀释用含 0.5%石炭酸的 10%盐溶液,抗原的稀释亦用含 0.5%石炭酸的 10%盐溶液。

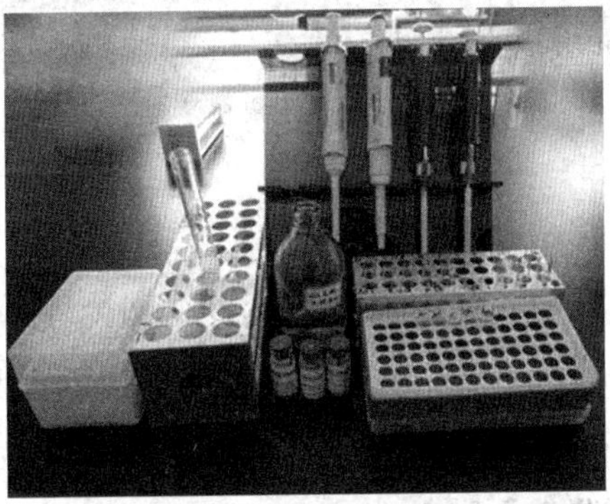

图 15-1　试管凝集试验材料

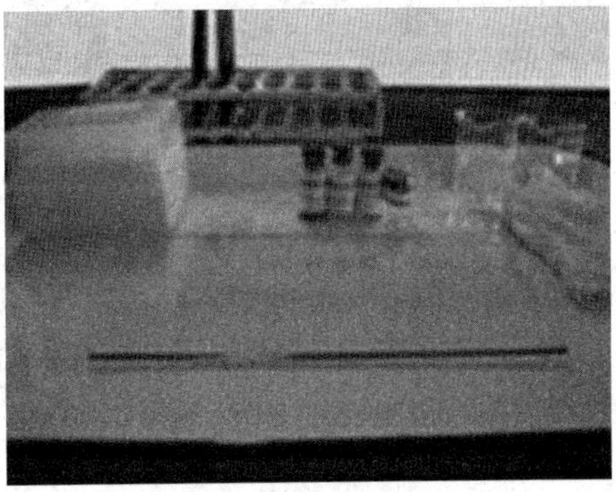

图 15-2　平板凝集试验材料

【方法步骤】

(一)试管凝集反应

1. 采集血液,分离收集血清

牛、羊由颈静脉,猪于耳静脉以无菌操作采取血液 5～8 mL,盛于灭菌试管中,并立即摆成斜面使之凝固(冬季置于温暖处,夏季置于阴凉处),凝固后即可送实验室,或等 10～12 h 血清析出后,分出血清再行运送。有时血清析出量少,或上层凝块粘连管壁,使血清蓄积于凝块之下,这时可用灭菌纤细铁丝或接种针沿管壁内壁穿刺,使血块脱离管壁,然后放于阴暗处(夏季),让血清充分析出。采血针须事先用生理盐水煮沸消毒或干热消毒,最好每畜一针，如不能做到，应于每次用完洗净后，用生理盐水煮沸消毒后使用(勿用蒸馏水煮沸，否则会发生溶血)。为获得良好血清，宜在早晨喂料之前采血，或停食后 6 h 采血。采血试管须洁净，塞以棉塞，再经干热消毒。采血时，应使血液沿管壁流入管内，如血流滴入，会发生气泡，引起溶血。冬季采血，应避免冻结，以致溶血。每采血一份，应立即于管壁上粘贴标签，注明畜号或畜名(图 15-3)。

收集血清如图 15-4 所示。血清应尽可能于 24 h 内送到实验室，最迟不得超过 3 d，若 3 d 内不能送达者须加入防腐剂(尤其是夏天)，通常每 9 mL 血清加 5%石灰酸生理盐 1 mL 或于每毫升血清中边摇振边加入 5%石炭酸 1～2 滴。在运送过程中必须防止冻结，否则失效。若就地分离血清不便，所采血液又能于当天送到实验室者，可送凝固的全血，但应防止振荡。每份血清或血液必须标上家畜号码(或畜名)，并注明加何防腐剂。用作布鲁氏菌凝集反应的待检血清，必须是新鲜、无明显蛋白凝固、无溶血现象和无腐败气味的。加入石炭酸防腐的血清，自采血之日算起，不可超过 15 d。

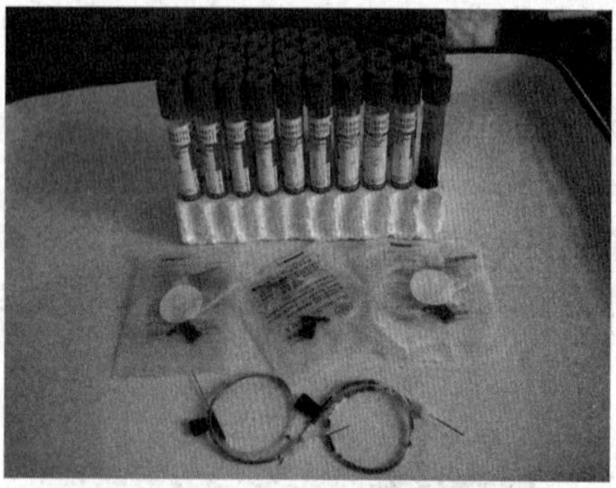

图 15-3　采集血液

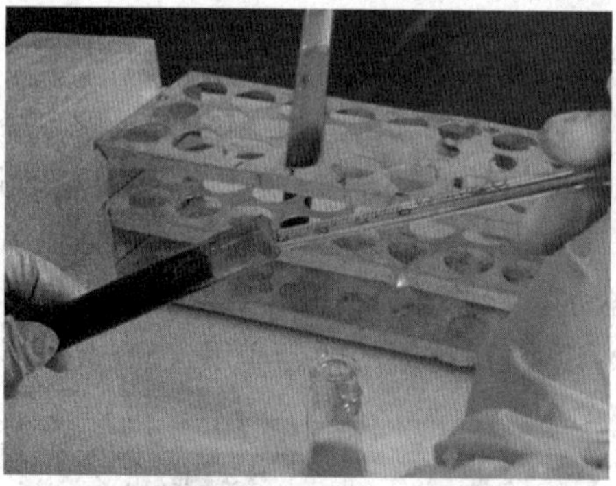

图 15-4　收集血清

2. 操作方法

见操作术式见表 15-1。

被检血清稀释度：一般情况，牛、马和骆驼用 1∶50、1∶100、1∶200 和 1∶400 四个稀释度；猪、山羊、绵羊和犬用 1∶25、1∶50、1∶100 和 1∶200 四个稀释度。大规模检疫时也可用两个稀释度，即牛、马和骆驼用 1∶50 和 1∶100；猪、羊、犬用 1∶25 和 1∶50。

表 15-1　试管凝集试验操作术式

试管号	试验管				对照管		
	1	2	3	4	阳性血清对照	阴性血清对照	抗原对照
稀释倍数	1∶25	1∶50	1∶100	1∶200	1∶800	1∶25	
生理盐水	2.3	0.5	0.5	0.5	—	—	0.5
被检血清	0.2 (弃去 1.5)	0.5	0.5	0.5 (弃去 0.5)	—	—	—
抗原 (1∶20 倍)	0.5	0.5	0.5	0.5	0.5	0.5	0.5

稀释血清和加入抗原的方法：以羊、猪为例，每份被检血清用 5 支小试管(8～10 mL)，第 1 管加入稀释液 2.3 mL，第 2、3、4 管和第 5 管各加入 0.5 mL，用 1 mL 吸管取被检血清

0.2 mL，加入第 1 管中，混匀（一般吸吹 3～4 次）吸取混合液分别加入第 2 管和第 3 管各 0.5 mL，将第 3 管混匀，吸 0.5 mL 加入第 4 管，第 4 管混匀吸取 0.5 mL 加入第 5 管（图 15-5），第 5 管混匀后弃去 0.5 mL。如此稀释后从第 1 管起血清稀释度分别为 1∶12.5、1∶25、1∶50 和 1∶100。然后将 1∶20 稀释的抗原由第 1 管起，每管加入 0.5 mL（图 15-6），血清最后稀释度由第 1 管起依次为 1∶25、1∶50、1∶100 和 1∶200。

牛、马和骆驼的血清稀释和加抗原的方法与前述者一致，不同的仅第 1 管加稀释液 2.4 mL 及被检血清 0.1 mL。加抗原后从第 1 管到第 5 管血清稀释度依次为 1∶50、1∶100、1∶200 和 1∶400。

每次试验须作三种对照，每批凝集试验应有阳性血清（1∶800）、阴性血清（1∶25）和抗原对照。

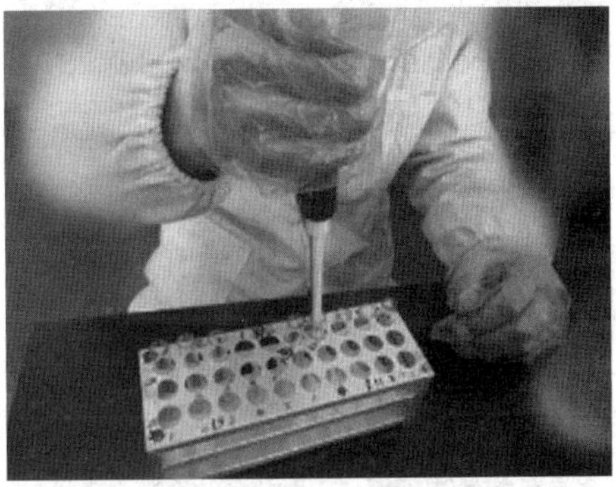

图 15-5　倍比稀释血清

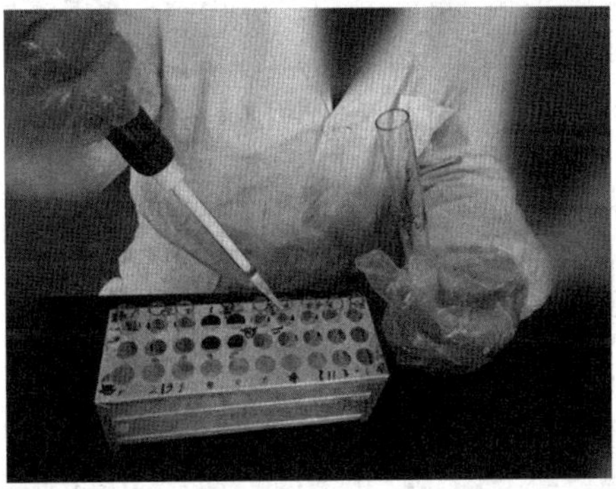

图 15-6　滴加抗原

3. 结果判定

牛、马和骆驼血清凝集价为 1∶100 以上，猪、羊和犬 1∶50 以上者，判为阳性。牛、马和骆驼血清凝集价为 1∶50，猪、羊和犬为 1∶25 者判为可疑。可疑反应的家畜经 3～4 周重检，牛、羊重检时仍为可疑，判为阳性。猪和马重检时仍为可疑，但该场中未出现阳性反应及无临诊症状的家畜，判为阴性。

鉴于猪血清常有个别出现非特异性凝集反应，在试验时须结合流行病学判定结果。如果出现个别弱阳性［例如凝集价为（1∶100）～（1∶200）］，但猪群中均无临诊症状（流产、关节炎、睾丸炎），可以考虑此种反应为非特异性，经 3～4 周可采血重检。

布鲁氏菌病试管凝集反应通知单见表 15-2。

表 15-2　布鲁氏菌病试管凝集反应通知单

<table>
<tr><td rowspan="2">登记号码</td><td rowspan="2"></td><td colspan="5">采血日期：　年　月　日</td><td>畜主姓名</td><td></td></tr>
<tr><td colspan="5">收到日期：　年　月　日</td><td rowspan="2">住　址</td><td rowspan="2"></td></tr>
<tr><td>通知号码</td><td></td><td colspan="5">检验日期：　年　月　日</td></tr>
<tr><td>畜别</td><td>畜号</td><td>1∶25</td><td>1∶50</td><td>1∶100</td><td>1∶200</td><td>1∶400</td><td>判定</td><td>备注</td></tr>
<tr><td></td><td></td><td></td><td></td><td></td><td></td><td></td><td></td><td></td></tr>
</table>

(二)平板凝集反应

①取一洁净玻片(图 15-7),用蜡笔画成方格,编号(图 15-8)。

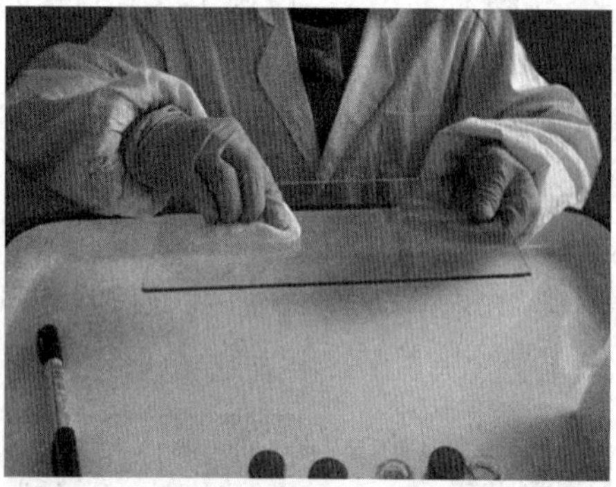

图 15-7　擦净玻璃板

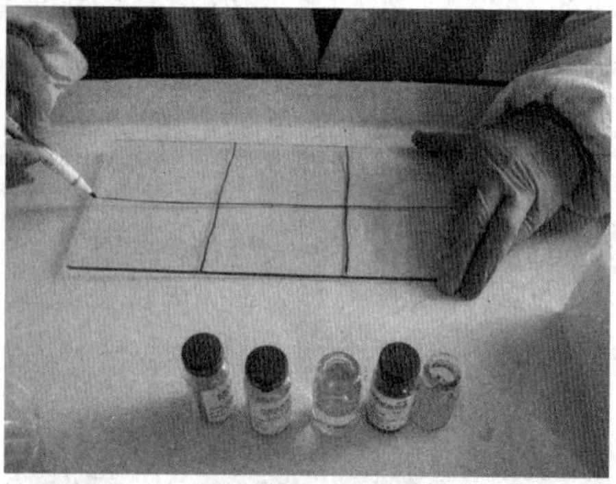

图 15-8　编号

②各方格分别加生理盐水、阳性、阴性和被检血清(图 15-9,图 15-10)。

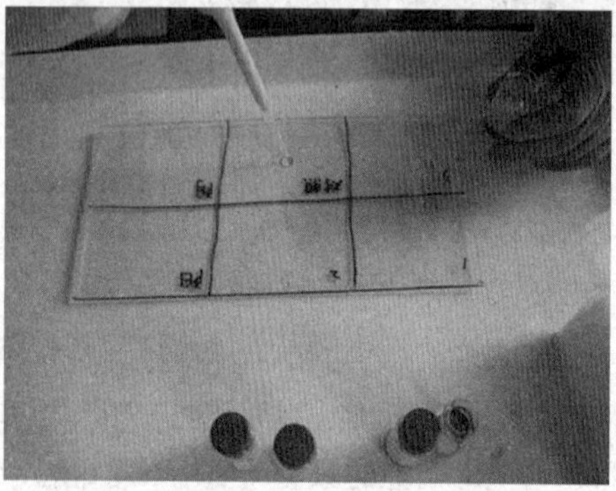

图 15-9　生理盐水对照

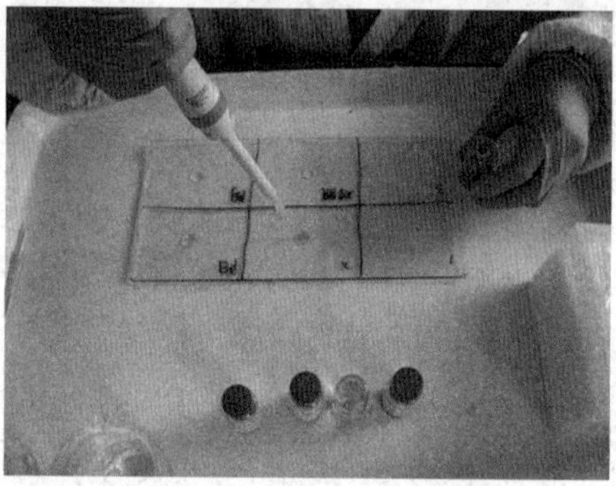

图 15-10　滴被检血清

③将凝集抗原摇匀,垂直滴 1 滴于各格血清上(图 15-11)。

④用牙签混匀,摊开直径 1.5 cm 左右(图 15-12)。

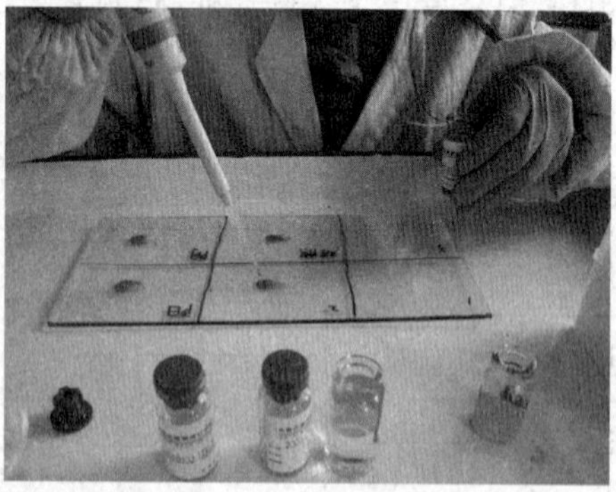

图 15-11　滴加抗原

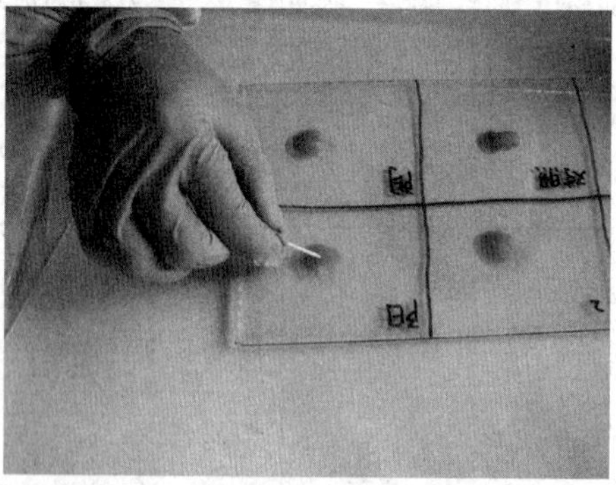

图 15-12　混匀

⑤静置 3～4 min 后判定结果。出现凝集团块的判为阳性，无凝集团块的判为阴性(图15-13)。

图 15-13　平板凝集判定结果

(三)变态反应试验

本试验是用不同类型的抗原进行布鲁氏菌病诊断的方法之一。布鲁氏菌水解素即变态反应试验的一种抗原，这种抗原专供绵羊和山羊检查布鲁氏菌病之用。按《羊布鲁氏菌病变态反应技术操作规程及判定标准》进行。

1. 操作方法

使用细针头，将水解素注射于绵羊或山羊的尾褶壁部或肘关节无毛处的皮内，注射剂量0.2 mL。注射前应将注射部位用酒精棉消毒。如注射正确，在注射部形成绿豆大小的硬包。注射一只羊后，针头应用酒精棉消毒，然后再注射另一只。

2. 结果判定

注射后 24 h 和 48 h 各观察反应一次(肉眼观察和触诊检查)。若两次观察反应结果不符时，以反应最强的一次作为判定的依据。判定标准是：

阳性反应(+)：注射部位有明显不同程度肿胀和发红(硬肿或水肿)，不用触诊，凭肉眼即可察觉者。

疑似反应(±)：肿胀程度不明显，而触诊注射部位，常需与另一侧皱褶相比较才能察觉者。

阴性反应(－)：注射部位无任何变化。

阳性牲畜，应立即移入阳性畜群进行隔离，可疑牲畜须于注射后 30 天进行第二次复检，如仍为疑似反应，则按阳性牲畜处理，如为阴性则视为健畜。

(四)全乳环状试验

本法是用于监视布鲁氏菌病乳牛群有无本病感染的方法。全乳环状试验抗原用苏木紫染成蓝色或用四氮唑染成红色。

1. 操作方法

取新鲜全脂乳 1 mL 于小试管内，加入抗原 1 滴约 0.05 mL，倒转试管数次，混合均匀，放于 37℃温箱中 1 h，取出判定结果。

2. 判定标准

阳性反应(+)：上层乳脂环着色明显(蓝或红)；乳脂层下的乳柱为白色或着色轻微。

阴性反应(－)：乳脂层白色或轻微着色，乳柱显著着色。

疑似反应(±)：乳脂环与乳柱的颜色相似。

实训十六

牛结核病的检疫

【实训目标】

掌握牛结核菌素变态反应的诊断方法。

【材料准备】

(1)诊断液　提纯结核菌素(PPD)。

(2)用具　1～2.5 mL 金属皮内注射器、皮内注射针头,如果是冻干菌素,还需准备稀释用注射用水或灭菌生理盐水,带胶塞的灭菌小瓶。煮沸消毒锅、镊子、毛剪、牛鼻钳、游标卡尺(图 16-1)、结核检疫记录表、酒精棉球、消毒盘、纱布、5%硼酸棉球、工作服、帽、口罩、线手套及胶鞋等。

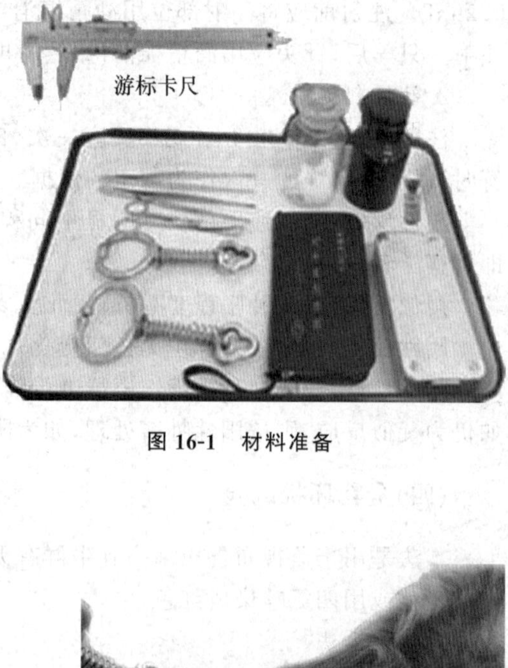

图 16-1　材料准备

【方法步骤】

提纯结核菌素(PPD)变态反应。

(一)操作步骤

1.注射部位及术前处理

保定牛(图 16-2),将牛只编号后在颈侧中部上 1/3 处(图 16-3)剪毛(图 16-4)(或提前一天剃毛),3 个月以内的犊牛,也可在肩胛部进行,直径约 10 cm,用游标卡尺测量术部中央皮皱厚度(图 16-5),读取数值(图 16-6),做好记录。如术部有变化时,应另选部位或在对侧进行。

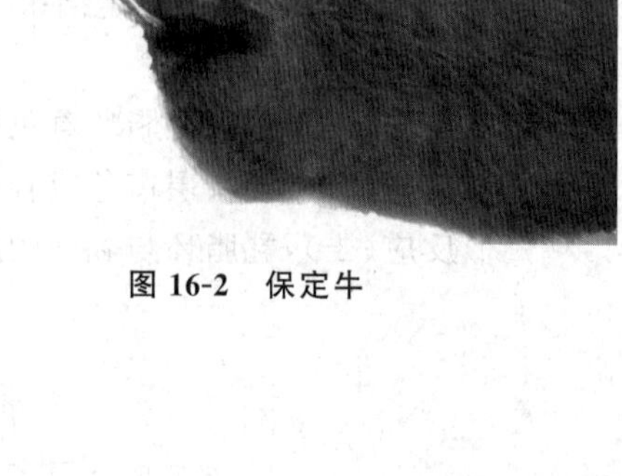

图 16-2　保定牛

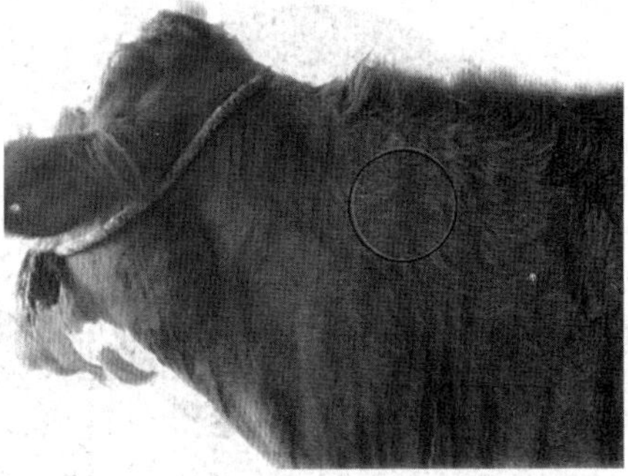

图 16-3　定位

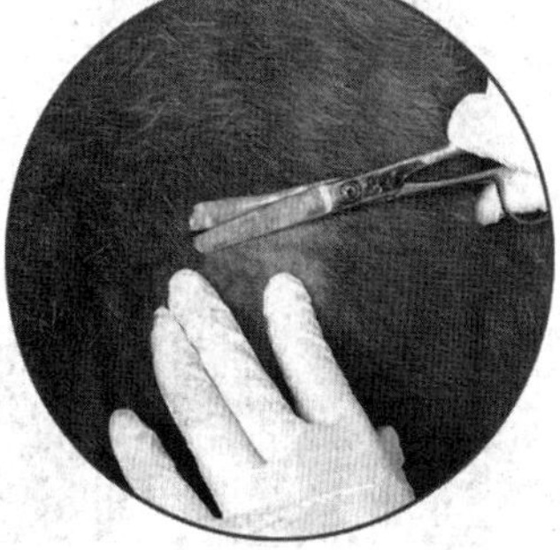

图 16-4　剪毛

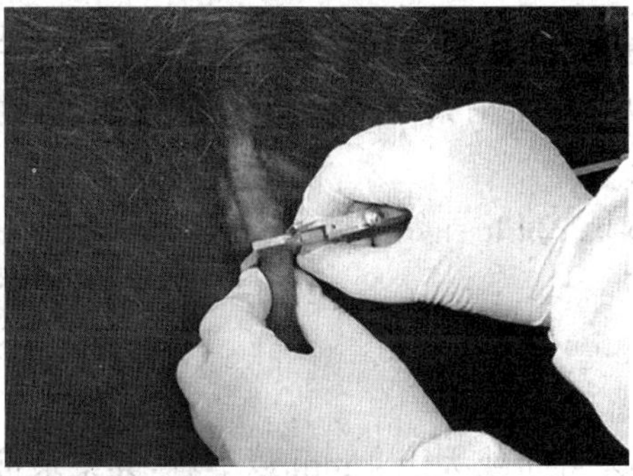

图 16-5　测皮厚

图 16-6　读数

2. 注射剂量

不分牛只大小，一律皮内注射 1 万 IU。即将牛型提纯结核菌素稀释成每毫升含 10 万 IU 后，皮内注射 0.1 mL。如用 2.5 mL 注射器，应再加等量注射用水皮内注射 0.2 mL。冻干提纯结核菌素稀释后应当天用完。

3. 注射方法

先用碘酒（图 16-7）再用 75%酒精（图 16-8）消毒术部，然后抽取结核菌素（图 16-9），皮内注入定量的牛型提纯结核菌素（图 16-10），注射后局部应出现小泡，如注射有疑问时，应另选 15 cm 以外的部位或对侧重做。

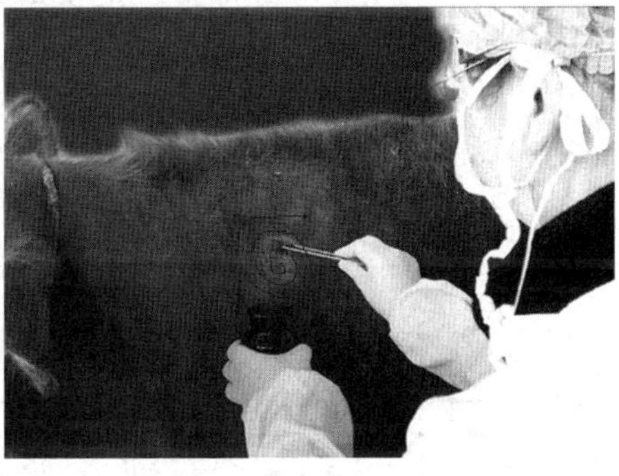

图 16-7　碘酒消毒

图 16-8　酒精消毒

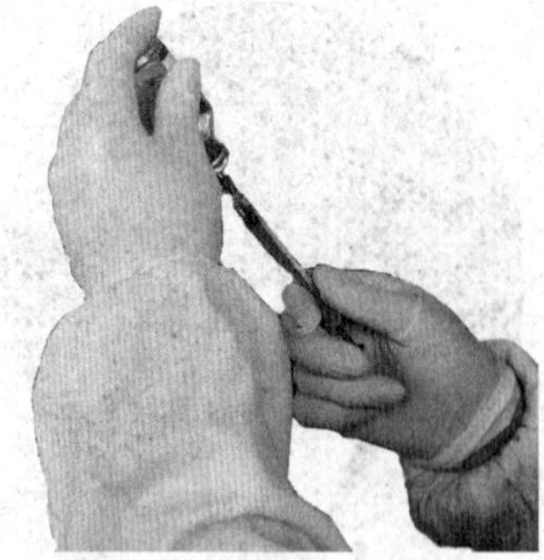

图 16-9　抽取结核菌素

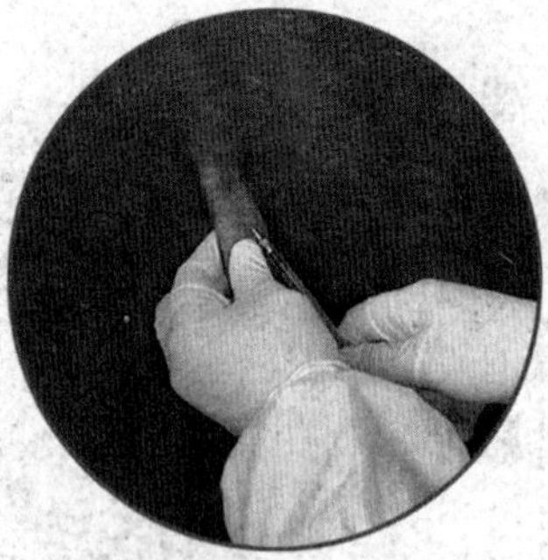

图 16-10　皮内注射

4.观察反应和判定

皮内注射后经 72 h 判定，仔细观察局部有无热痛、肿胀等炎性反应，并以卡尺测量皮皱厚度，做好详细记录。对疑似反应牛应在另一侧以同一批菌素同一剂量进行第二次皮内注射，再经 72 h 后观察反应。

如有可能，对阴性和疑似反应牛，于注射后 96 h、120 h 再分别观察一次，以防个别牛出现较迟的迟发型变态反应。

(二)结果判定

(1)阳性反应　局部有明显的炎性反应。皮厚差等于或大于 4 mm 以上者，其记录符号为(＋)。对进出口牛的检疫，凡皮厚差大于 2 mm 者，均判为阳性。

(2)疑似反应　局部炎性反应不明显，皮厚差在 2.1～3.9 mm，其记录符号为(±)。

(3)阴性反应　无炎性反应，皮厚差在 2 mm 以下，其记录符号为(－)。

凡判定为疑似反应的牛只，于第一次检疫 30 d 后进行复检，其结果仍为可疑反应时，经 30～45 d 后再复检，如仍为疑似反应，应判为阳性。检疫结果可按附录二牛结核病检疫记录表记录。

实训十七

猪瘟(CSF)的诊断

【实训目标】

初步掌握猪瘟的临诊诊断和实验室诊断方法。

【材料准备】

(1)用品　手术刀、手术剪、镊子、酒精灯、酒精棉球、载玻片、荧光显微镜。

(2)试剂　猪瘟酶标抗体、抗猪瘟荧光抗体、PBS液(pH 7.2,0.015 mol/L磷酸盐缓冲液)、Tris-HCl缓冲液(pH 8.0,0.012 5 mol/L)、DAB(3,3-二氨基联苯胺四盐酸盐)、1% H_2O_2、1%叠氮钠。

(3)试验动物　清洁级家兔4只。

【方法步骤】

(一)临床及病理学诊断

1. 临床诊断

猪群中被检猪出现下列临床症状时,可作为综合诊断定性的依据之一:

①体温在40.5℃以上或间歇性的发热;②精神萎靡、倦怠,畏寒,食欲不振、厌食、甚至废食,呕吐,步态不稳;③交替便秘与腹泻,产生带黏液和血丝的粪球,结膜充血、出血或有不正常分泌物(图17-1);④鼻盘、嘴唇、耳尖、下颌、四肢、腹下(图17-2)及腹股沟等处出现紫红色斑点或斑块;⑤公猪包皮积尿或其他疑似CSF的症状;⑥怀孕母猪有流产、死胎、木乃伊胎等现象或所产仔猪有衰弱、震颤、痉挛、发育不良等现象。

图17-1　眼有分泌物

图17-2　腹下皮肤出血点

出现上述症状时,猪群作为可疑CSF对待,应全群隔离饲养,并作进一步诊断。

2. 病理变化诊断

对临床检出的可疑患病猪可进行病理学诊断，下述肉眼可见的病变可作为综合诊断定性的依据之一：

①脾脏不肿大，表面有点状出血或边缘出现突起的楔状梗死区(图 17-3)；②淋巴结外观出血(图 17-4)、切面呈红白相间的大理石样(图 17-5)；③肾皮质色泽变淡，有不同大小的点状出血(图 17-6)；④心脏、喉头、大肠、小肠、胆囊及膀胱有点状出血(图 17-7 至图 17-10)；⑤全身出血性变化、多呈片状或点状；⑥回盲袢、回肠、结肠形成“纽扣状”溃疡(慢性猪瘟)(图 17-11 至图 17-13)。

图 17-3　脾脏边缘楔状梗死灶

图 17-4　肠系膜淋巴结出血

图 17-5　淋巴结切面呈大理石样

图 17-6　肾表面出血点

图 17-7　心脏出血

图 17-8　喉头出血

图 17-9　小肠出血点

图 17-10　膀胱黏膜出血点

图 17-11　回盲袢溃疡

图 17-12　回肠纽扣状溃疡

图 17-13　结肠纽扣状溃疡

(二)兔体交互免疫试验

1. 样品处理

将病猪的淋巴结、脾脏和肾脏磨碎后用无热原性的生理盐水作 1∶10 稀释。

2. 接种家兔

将上述处理的样品肌肉注射 3 只健康家兔，每只 0.5 mL，另设 3 只不注射病料而仅注射生理盐水的对照家兔，24 h 后，每隔 6 h 测体温一次，连续测温 5 d。

3. 接种兔毒

接种样品 5 d 后对所有家兔静脉注射用无热原性的生理盐水稀释成 1 mL 含有 100 个兔体最小感染量的猪瘟兔化弱毒（淋巴、脾脏毒），每只 1 mL，同时增设两只仅注射猪瘟兔化弱毒的对照兔。24 h 后，每隔 6 h 测体温一次，连续测 96 h，注射生理盐水和仅注射猪瘟兔化弱毒的两组对照兔分别 2/3 和 2/2 出现定型热或轻型热，试验成立。

4. 判定标准

猪瘟强毒不引起兔体温反应，但能使其产生免疫力，从而能抵抗猪瘟兔化弱毒的攻击。因此，可以利用猪瘟兔化弱毒攻击后是否出现体温反应作指标，以判定第一次接种的病料中是否含有猪瘟病毒。试验组的试验结果判定见表 17-1。

表 17-1　兔体交互免疫试验结果判定

接种病料后体温反应	接种猪瘟兔化弱毒后体温反应	结果判定
−	−	含猪瘟强毒、野毒
−	+	不含任何猪瘟病毒
+	−	含猪瘟兔化弱毒
+	+	含非猪瘟病毒热原性物质
对照兔	+	含猪瘟兔化弱毒

注："+"表示多于或等于 2/3 的动物有体温反应，"−"为无体温反应。

(三)免疫酶染色试验

1. 样品的采集

解剖检查时采病猪扁桃体、脾、淋巴结作压印片或冰冻切片，同时设正常组织对照标本。标本自然干燥后，在 2%戊二醛和甲醛等量混合液中固定 10 min，干燥后，置冰箱内待检。

2. 操作程序

①将标本浸入 0.01%过氧化氢或 0.01%叠氮钠的 Tris-HCl 缓冲液中，室温下作用 30 min。

②用 pH 7.4 的 0.02 mol/L 磷酸缓冲盐水漂洗 5 次，每次 3 min，风干。

③将标本置于湿盒内，滴加 1∶10 酶标记抗体，覆盖标本面上，置 37℃作用 45 min。

④用 pH 7.4 的 0.02 mol/L 磷酸缓冲盐水 - 1%吐温缓冲液漂洗 5 次，每次 2～3 min。

⑤将标本放入 DAB Tris-HCl 液内，置 37℃作用 3 min。

⑥用 pH 7.4 的 0.02 mol/L 磷酸缓冲盐水冲洗 5 次，每次 2～3 min，再用无水酒精、二甲苯脱水，封片检查。

⑦用普通生物显微镜检查判定结果，如细胞浆染成深褐色为阳性；黄色或无色为阴性，正常对照标本应为阴性。猪瘟兔化弱毒接种的猪组织细胞浆呈微褐色，与强毒株感染有明显区别。

(四)病毒分离与鉴定试验

①将 2 g 扁桃体或脾脏或肾脏剪成小块，加上灭菌砂在乳钵中研成匀浆，用 Hank's 液或 MEM 配成 20% 悬液，加青霉素(使最终浓度为 500 U/mL)和链霉素(使最终浓度为 500 μg/mL)，室温下放置 1 h，以 3 000 r/min 离心 15 min 取用上清液。

②将 PK_{15} 单层细胞用胰酶消化分散后，以 800 r/min 离心 10 min，用不含牛病毒性腹泻病毒(BVDV)的 5% 胎牛血清的 MEM 配成每毫升含 2×10^5 个细胞的悬液。

③9 份细胞悬液加一份病料悬液接种于带有细胞飞片的转瓶或微量细胞培养板，另设不加病料的对照若干瓶(孔)，于接种后 1 d、2 d、3 d，分别从两个接种瓶(孔)和一个对照(孔)中取出细胞片用 Hank's 液或 MEM 洗涤两次，每次 5 min，用冷无水丙醇固定 10 min。

图 17-14　培养细胞浆有黄绿色荧光

④进行免疫酶染色或荧光抗体染色、镜检(图 17-14)并判定结果。

(五)直接免疫荧光抗体试验

1. 采样

群体检疫中，待检可疑猪不少于 3 例，其中至少 2 例为早期患猪，活体取扁桃体或剖杀后摘取扁桃体。后期病猪剖杀后取扁桃体、淋巴结、脾脏和肾脏。个体检疫时，可活体取扁桃体或剖杀可疑猪取扁桃体、淋巴结、脾脏或肾脏，所采取组织样品应新鲜且为猪瘟疫苗免疫 21 d 之后。

2. 送检

采样后应尽快冷藏送检，如当日不能送出，应冻结保存，避免组织腐败、自溶，影响结果。

3. 制片

将样品组织块修切出 1 cm×1 cm 的小块，不经任何固定处理，直接冻贴于冰冻切片机的冰冻切片托上(组织块太小时，如活体采取的扁桃体，可用冰冻切片机专用的包埋剂或化学浆糊包埋)，进行切片，切片厚度要求 5～7 μm。将切片展贴于 0.8～1.0 mm 厚的洁净载玻片上，也可将样片组织直接作压印片或涂片，同时设正常对照片。

4. 固定

将切片、压印片或涂片置于无水丙酮中固定 15 min，取出立即放入 0.01 mol/L，pH 7.2 的磷酸缓冲盐水中，轻轻漂洗 3 次。取出，自然干燥后，尽快进行荧光抗体染色。

5. 荧光抗体染色

将猪瘟荧光抗体滴加于样品片表面，放置湿盒内于 37℃ 作用 30 min。取出后浸入磷酸缓冲盐水中充分漂洗，再用带有 0.5 mol/L，pH 9.0～9.3 碳酸盐缓冲甘油的盖玻片(0.17 mm 厚)封固样品片表面。染色后应尽快镜检，4℃ 保存不宜超过 72 h，必要时可低温保存待检，但也不应超过 1 周。

6. 镜检

将染色、封固后的样品片置于激发光为蓝紫光或紫外光的荧光显微镜下观察。

7. 判定标准

于荧光显微镜视野中，见扁桃体隐窝上皮细胞或肾曲小管上皮细胞浆内呈现明亮的黄绿色荧光(图 17-15)，或脾、淋巴结细胞浆内有黄绿色荧光判为猪瘟病毒感染阳性。正常对照片细胞内应无黄绿色荧光。

图 17-15　扁桃体隐窝细胞浆有黄绿色荧光

(六)猪瘟病毒反转录聚合酶链式反应(RT-PCR)

1. 材料与样品准备

(1)材料准备　本实训所用试剂需用无 RNA 酶污染的容器分装；各种离心管和带滤芯吸头需无 RNA 酶污染；剪刀、镊子和研钵器应经干烤灭菌。

(2)样品制备　按 1∶5(质量浓度)比例，取待检组织和 MEM 液于研钵中充分研磨制成匀浆液，4℃，以 1 000 r/min 离心 15 min，取上清液转入无 RNA 酶污染的离心管中，备用；全血采用脱纤抗凝备用；细胞培养物冻融 3 次备用；其他样品酌情处理。制备的样品在 2～8℃保存不应超过 24 h，长期保存应小分装后置 −70℃以下，避免反复冻融。同时设阴性、阳性样品对照。

2. RNA 提取

①移取 750 μL Trizol 至 1.5 mL Eppendorf 管，加入 200 μL 血液(培养液或组织处理上清液)，旋涡振荡 20 s，室温下作用 5 min。加入 200 μL 三氯甲烷，旋涡振荡 15 s，室温下作用 10 min。

②以 12 000 r/min，4℃离心 15 min。

③轻轻吸取上清液转至新的 1.5 mL Eppendorf 管(注意各管不要用吸水纸同一点)，550～600 μL，加入等量预冷的异丙醇，颠倒数次混匀，−20℃条件下静置至少 10 min。

④以 12 000 r/min，4℃离心 15 min。

⑤轻轻倒掉上清液，顺势将管口残液在吸水纸上蘸干(注意各管不要用吸水纸同一点)，向管中轻轻加入 1 mL 预冷的 75%乙醇。轻轻颠倒数次，将乙醇倒掉，将管口残液在吸水纸上蘸干(注意各管不要用吸水纸同一点)，盖上盖后，以 5 000 r/min，4℃离心 2 min。

⑥用洁净无酶吸头将管底乙醇吸干，注意不要吸走沉淀物(RNA 少的情况下可能看不见沉淀)。在安全柜或超净台中将残留的乙醇吹干，约 5 min，直至无乙醇味为止。时间不要太长，以免 RNA 溶解困难。

⑦用下列比例配置溶液溶解 RNA：

4 μL	0.1 mol/L MDTT
1 μL	RNA 酶抑制剂
15 μL	无酶水

共计 20 μL，按此比例一次性配好，混匀。按每个样品 20～50 μL 配制。

吸取 20～50 μL RNA 溶液加至 Eppendorf 管底，55～65℃水浴助溶 10 min。RNA 溶液在 −80℃保存。短期也可在 −20℃保存。

3. cDNA 合成

(1)吸取 5 μL 上述 RNA 溶液至 PCR 管中。

(2)加入 1 μL 50 pmol/L 的下游引物,68℃作用 5 min,冰水浴中降温(或在 PCR 仪中采用程序:68℃作用 5 min,置于 4℃结束反应)。

(3)加入下列试剂:

2 μL	5×第一链缓冲液(first strand buffer)
0.5 μL	0.1 mol/L DTT
0.5 μL	dNTP(10 mol/L)
0.25 μL	RNA 酶抑制剂
0.5 μL	反转录酶(superscript Ⅲ)

PCR 仪中 50℃反应 60 min,75℃温育 10 min,置于 4℃结束反应。

4. PCR

(1)吸取上述 cDNA 模板 3 μL,无酶水 34.5 μL。

(2)加入下列试剂:

5 μL	10×PCR 缓冲液
3 μL	dNTP(10 mmol/L)
1 μL	上游引物
1 μL	下游引物
2.5 μL	*Taq* DNA 聚合酶

将混合物吹打均匀后,至 PCR 仪中扩增,条件如下:94℃预热 3 min,94℃变性 50 s,58℃退火 50 s,72℃链延伸 1 min,30 个循环,72℃温育 10 min。置于 4℃结束反应。

5. nest-PCR

(1)吸取上述 PCR 模板 1.5 μL,无酶水 36 μL。

(2)加入下列试剂:

5 μL	10×PCR 缓冲液
3 μL	dNTP(10 mmol/L)
1 μL	nest 上游引物
1 μL	nest 下游引物
2.5 μL	*Taq* DNA 聚合酶

将混合物吹打均匀后,至 PCR 仪中扩增,条件如下:94℃预热 3 min,94℃变性 50 s,54℃退火 50 s,72℃链延伸 40 s,30 个循环,72℃温育 10 min。置于 4℃结束反应。

6. 电泳

取 6～10 μL PCR 产物在 0.8%琼脂糖凝胶中进行电泳,缓冲液为 0.5×TBE,100 V、40 min。

7. 凝胶成像及结果判定

阳性样品出现 1 200 bp 大小条带、阴性样品无条带出现时,试验成立。被检测样品出现 1 200 bp 大小条带为猪瘟阳性,否则为阴性(图 17-16)。

(七)荧光抗体病毒中和试验

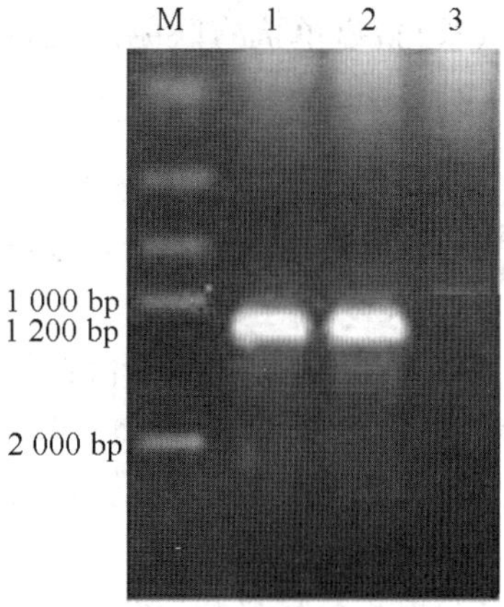

图 17-16　PCR 扩增产物

M. Marker　1. 阳性对照
2. 样品　3. 阴性对照

1. 细胞准备

①将浓度为每毫升含 2×10^5 个细胞的 PK_{15} 细胞悬液接种到带有载玻片的 Leighton 管、培养瓶或微量细胞培养板中。

②于 37℃ 二氧化碳(CO_2)培养箱中培养 1～2 d，直至有 70%～80% 的细胞形成单层，Leighton 管可用普通培养箱培养。

2. 病毒中和

①被检血清于 56℃ 灭活 30 min，在国际贸易中，最好作 1∶5稀释(终浓度 1∶10)。在国内作抗体水平普查时，被检血清可作 1∶25 稀释(终浓度 1∶50)。

②将稀释的血清与含有 200 $TCID_{50}$/0.1 mL 的病毒悬液等体积混合，置 37℃ 作用 1～2 h。

3. 中和后的病毒接种

①将带有盖玻片的 Leighton 管、培养瓶或微量细胞培养板，用无血清培养液洗涤 3 次后，用血清-病毒中和后的混合物接种在带有盖玻片的 Leighton 管、培养瓶或微量细胞培养板上，置于 37℃ 温箱作用 1 h，同时设置标准的阴、阳性血清中和对照，没有血清中和的病毒对照和正常细胞对照。

②在 Leighton 管、培养瓶或微量细胞培养板中加入细胞维持液，并将细胞培养物继续置于 37℃ 温箱培养 2 d 以上。

4. 荧光抗体染色

①从 Leighton 管、培养瓶或微量细胞培养板中取出带有细胞的盖玻片，用 pH 7.2 磷酸缓冲盐水洗涤细胞单层 2 次，每次 5 min，后用无水丙酮固定 10 min，再将工作浓度的猪瘟荧光抗体结合物滴加在带有细胞的盖玻片上，放置湿盒中，于 37℃ 染色 30 min，并用 pH7.2 的磷酸缓冲盐水冲洗 3 次。

②用 pH 9.0～9.3 的 90%碳酸盐-甘油缓冲液将盖玻片封固在无油渍的显微镜载玻片上，并在荧光显微镜下做荧光检查。

5. 镜检

将染色、封固后的样品片置于激发光为蓝紫光或紫外光的荧光显微镜下观察。

6. 判定标准

①当在荧光显微镜下，正常细胞对照和标准阳性血清中和对照的细胞胞浆中无黄绿色荧光，标准的阴性血清中和对照和没有血清中和的病毒对照的细胞胞浆中有黄绿色荧光时，试验成立，可判定被检样品的结果。

②荧光显微镜下，被检样品的细胞胞浆内未见黄绿色荧光时，判为猪瘟抗体阳性；被检样品的细胞胞浆内有明亮的黄绿色荧光时，判为猪瘟抗体阴性。

(八)猪瘟单抗酶联免疫吸附试验(ELISA)

1. 材料准备

猪瘟弱毒单抗纯化酶联抗原,猪瘟强毒单抗纯化酶联抗原,酶标结合物,标准阴、阳性血清,酶联板及其他必要的试验溶液。

2. 操作方法

(1)抗原包被　用包被液将猪瘟弱毒单抗纯化酶联抗原、猪瘟强毒单抗纯化酶联抗原分别作 100 倍稀释,以每孔 100 μL 分别加入做好标记的酶联板孔中,置于湿盒 4℃ 过夜。

(2)洗涤　甩掉酶联板孔内的液体,加入洗涤液,室温下浸泡 3 min,甩去洗涤液,再重新加入洗涤液,连续洗涤 3 次,最后一次甩掉洗涤液后,拍干酶联板。

(3)加入被检血清　用稀释液将被检血清作 400 倍稀释(图 17-17、图 17-18),每孔加 100 μL。同时,将猪瘟标准阴、阳性血清以 100 倍稀释作对照,置湿盒于 37℃ 作用(图 17-19)1.5～2 h,甩掉酶联板中稀释的血清(图 17-20),用洗涤液冲洗(图 17-21)3 次,洗涤方法同上。

(4)加入酶标抗体结合物　用稀释液将酶标抗体结合物作 100 倍稀释,每孔加入 100 μL(图 17-22),置湿盒于 37℃ 孵育 1.5～2 h。甩掉酶标抗体结合物,用洗涤液冲洗三次,洗涤方法同上。

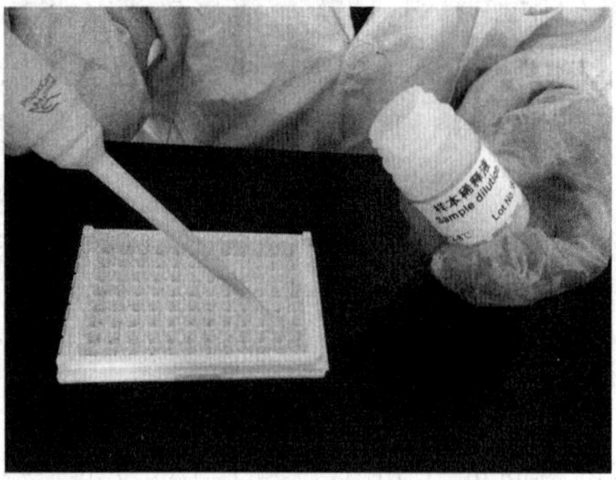

图 17-17　加血清稀释液

图 17-18　加血清

图 17-19　温箱中反应

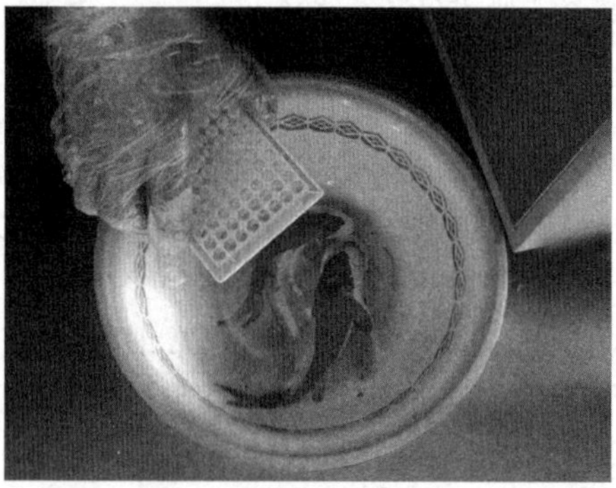

图 17-20　甩掉板中血清

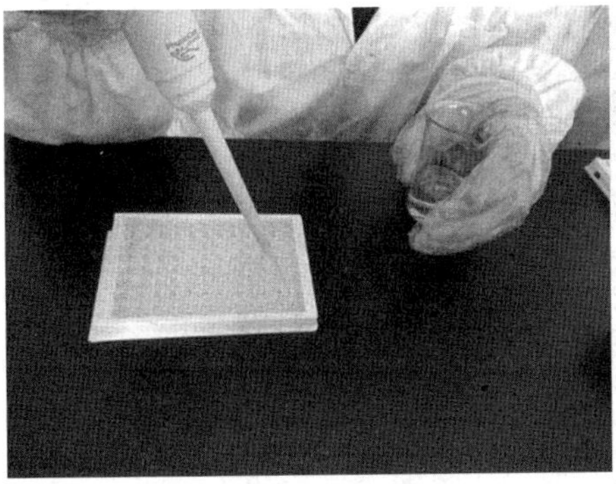

图 17-21　冲洗液洗涤

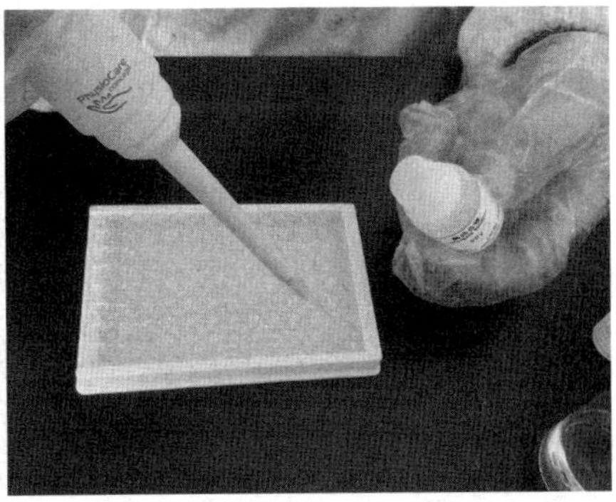

图 17-22　加入酶标抗体结合物

(5)加底物(图 17-23、图 17-24)　每孔加入新配制的底物溶液(每块 96 孔酶联板所需底物溶液按邻苯二胺 10 mg 加底物缓冲液 10 mL 加 30%过氧乙酸 37.50 μL 配制)100 μL，室温下观察显色反应，一旦阴性对照孔略显微黄色，立即终止反应。

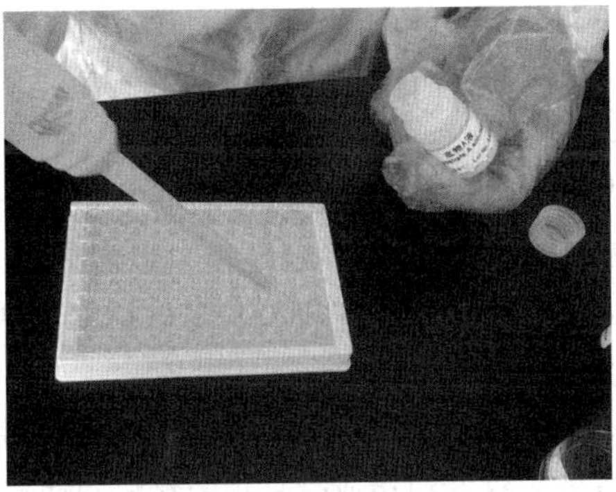

图 17-23　加入底物 A

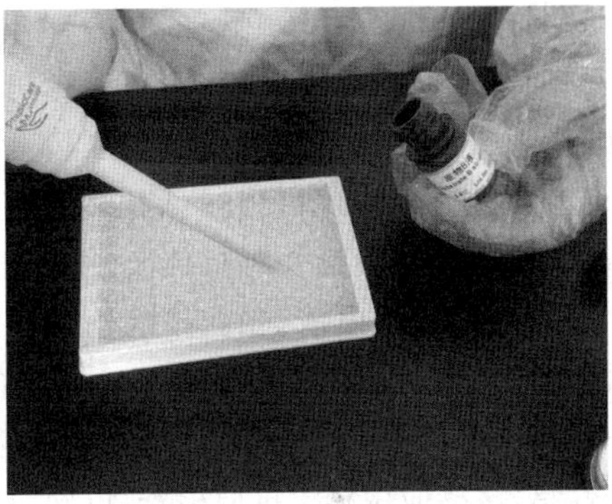

图 17-24　加入底物 B

(6)终止反应　每孔加入终止液(图 17-25)50 μL 后，迅速用酶联读数仪(图 17-26)490 nm 波长测定每孔的光吸收值(OD 值)(图 17-27)，并以阴性血清孔作为空白对照调零孔。

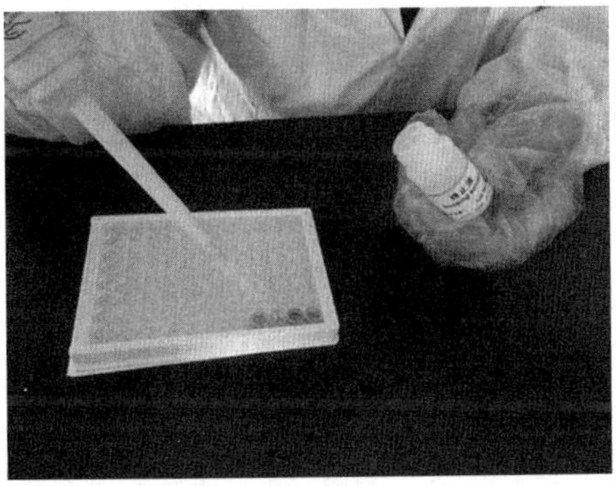

图 17-25　加入终止液

图 17-26　测定 OD 值

3. 判定标准

(1)在猪瘟弱毒酶联板上

OD≥0.2，为猪瘟弱毒抗体阳性；

OD<0.2，为猪瘟弱毒抗体阴性。

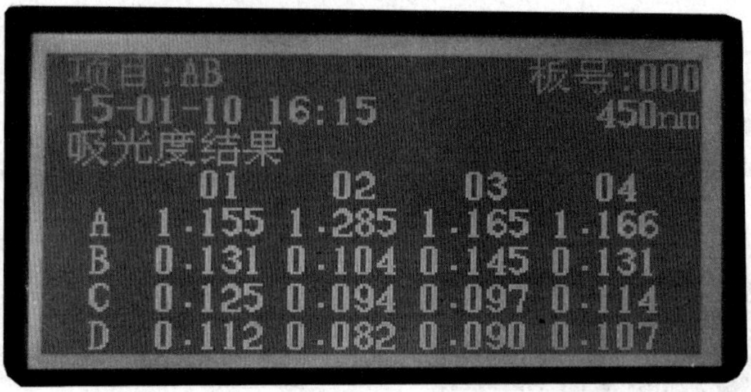

图 17-27 OD 值

(2)在猪瘟强毒酶联板上

OD≥0.5,为猪瘟强毒抗体阳性;

OD<0.5,为猪瘟强毒抗体阴性。

4.判定结论

①同一份被检血清,当在猪瘟弱毒酶联板上结果为阳性,而在猪瘟强毒酶联板上结果为阴性时,表明被检猪为猪瘟疫苗免疫猪。

②同一份被检血清,当在猪瘟弱毒酶联板上结果为阴性,但猪瘟强毒酶联板上为阳性时,表明被检猪是猪瘟强毒抗体阳性猪,该猪应做猪瘟抗原检查,以确定是否为带毒猪。

③同一份被检血清,当在猪瘟弱毒和强毒酶联板上结果均为阳性时,表明被检猪为猪瘟强、弱毒抗体阳性猪,该猪应做猪瘟抗原检查,以确定是否为带毒猪。

④同一份被检血清,当在猪瘟弱毒和强毒酶联板上结果均为阴性时,表明被检猪为猪瘟抗体阴性猪,该猪应做猪瘟抗原检查,以确定是否为带毒的免疫麻痹猪或是真正的猪瘟阴性猪。

5.最终结论判定

下列任何情况之一,均可判定为 CSF 感染猪:

①发病不分年龄、季节、个体临床表现明显,病理解剖病变典型,CSF 病毒或抗原检测阳性者;

②临床症状和发病情况不详,群体解剖检查病变典型,CSF 病毒或抗原检测阳性者;

③发病情况、临床症状、病理变化不详、不明显或不典型,CSF 病毒或抗原检测阳性者。

实训十八

猪丹毒的实验室诊断

【实训目标】

掌握猪丹毒的流行病学诊断、临诊诊断、尸体剖检要点和实验室诊断方法。

【材料准备】

（1）试验动物　小鼠、鸽子。

（2）培养基　普通琼脂、普通肉汤、血液琼脂、明胶等培养基。

（3）用具　剪刀、镊子、手术刀、接种环、酒精灯、酒精棉球、消毒的平皿及试管、研钵、载玻片、油镜显微镜、香柏油、美蓝、瑞氏及革兰氏染色液等。

【方法步骤】

（一）临诊诊断

猪丹毒主要发生于架子猪，具有明显的季节性，一般每年7～8月份为流行高峰，10月份以后逐渐减少。根据病程可分为败血型、疹块型和慢性三种。败血型猪丹毒常见于猪突然发病、高热、皮肤充血、指压褪色，最急性往往死亡快，致死率高。疹块型猪丹毒见身体各部皮肤出现方形或菱形凸出皮肤表面的疹块（图18-1），初期充血，后期瘀血，指压不褪色，在疹块发生时体温升高，症状比败血型缓和，死亡率25%～50%。慢性猪丹毒主要表现关节炎、皮肤坏死（图18-2）等。

图18-1　皮肤疹块

图18-2　皮肤坏死

（二）病理变化诊断

胃和十二指肠充血、出血，脾脏肿胀、充血、樱红色。淋巴结急性肿胀、充血。肺充血和水肿（图18-3）。肾充血、肿大有“大红肾”之称。慢性者除关节炎和皮肤坏死外，还有心内膜菜花状赘生物增生(图 18-4)。

图 18-3　肺充血和水肿

图 18-4　二尖瓣菜花状赘生物

(三)实验室诊断

1. 直接涂片染色检查

急性败血型病猪可以从耳静脉采血,亚急性型可以采取皮肤疹块的渗出液,慢性病例采取患病关节滑囊液。病猪死亡后,应采取心血,脾、肝、淋巴结、肾等组织直接涂片,晾干后用美蓝或瑞氏染色、镜检。病料中丹毒杆菌呈细小杆菌、散在、成对散布于细胞之间,有时在白细胞内呈丛状排列。

2. 分离培养

取病猪的血液、脾、肝、淋巴结等分别接种于血液琼脂、普通琼脂、肉汤。对死亡过久的尸体,可取骨髓作分离培养。接种后置 37℃ 培养 24 h,可见针尖样细小的菌落;普通琼脂培养基上生长贫瘠;肉汤呈轻度浑浊,有少量灰白色黏稠沉淀。挑取菌落,经涂片染色镜检,为革兰氏阳性细小杆菌。再挑选典型菌落培养后,作明胶穿刺培养,3～4 d 后呈试管刷状生长,明胶不液化。也可在培养基中加入叠氮钠和结晶紫各 0.01%,制成选择培养基,只有猪丹毒杆菌能在这种培养基上正常生长繁殖,其他杂菌受到抑制。

3. 动物接种

当被检病料中含菌量少或已被污染,作细菌分离有困难时,可以接种小动物作补助诊断。取病料(心血、脾、淋巴结)或纯培养物接种鸽或小鼠。病料先磨碎用灭菌生理盐水作 1∶10 稀成悬液。鸽胸肌注射 0.5～1 mL。小鼠皮下注射 0.2 mL。如为固体培养基上的菌落,则用灭菌生理盐水洗下,制成菌液进行接种。鸽子一般在接种后 3～4 d 内死亡,病鸽腿翅麻痹、精神委顿、头缩羽乱,不吃而死亡。小鼠出现精神委顿、眼结膜发炎、畏光、背拱、毛乱、停食,3～5 d 死亡。死亡的鸽和小鼠脾肿大,肺和肝充血,肝有时可见小点坏死,并可从内脏分离出猪丹毒杆菌。

猪丹毒杆菌与李氏杆菌的区别见表 18-1。

表 18-1　猪丹毒杆菌与李氏杆菌的区别

项目	猪丹毒杆菌	李氏杆菌
菌体形态	整齐,直或稍弯,有时呈线状,幼龄培养较老龄者菌体短	较粗大,多形性,幼龄培养较老龄者菌体长
病料涂片	单个,有时成对或成堆	单个,有时成对构成“V”字形,有时平行呈栏栅状
运动性	无	有

续表 18-1

项目	猪丹毒杆菌	李氏杆菌
鲜血琼脂培养	弱 α 型溶血	弱 β 型溶血
明胶穿刺培养	呈试管刷状生长	沿穿刺线生长
牛奶培养基	凝固	不凝固
麦芽糖、甘露醇、鼠李糖、杨苷	均不发酵	均发酵、产酸
鸽子	发病，致死	不感染

4. 血清培养凝集试验

在 3%胰蛋白肉膏汤(或肝化汤)中，加入(1∶40)～(1∶80)的猪丹毒高免血清，同时每毫升再加入 400 μg 卡那霉素、50 μg 庆大霉素及 25 μg 万古霉素(缺乏抗生素时，可加 0.05%叠氮钠及 0.000 5%结晶紫，制成猪丹毒血清抗生素诊断液，分装安瓿管在 4℃冰箱可保存 2 个月)。取病猪耳尖血 1 滴或死后取少许病料放入安瓿管内，37℃培养 14～24 h。凡管底出现凝集颗粒或团块即判为阳性。此法检出率很高。

【注意事项】

①严格地按照操作顺序进行，对用过的器材及其他一切物品，要放在指定地点，消毒后处理，以防病原体散播。

②严防自身感染或感染他人。

实训十九

猪链球菌病的实验室诊断

【实训目标】

掌握猪链球菌病的实验室诊断方法。

【材料准备】

(1)病料 无菌采集的急性败血型病例的唾液、气管分泌物、血液、肝、脾、肾、肺、肌肉、脓肿的关节;发病或病死猪肿胀的淋巴结,颈部淋巴结等。

(2)实验动物 家兔、小鼠、豚鼠、鸡。

(3)培养基 普通琼脂、血液琼脂、血清肉汤、厌氧肉汤培养基。

(4)用具 手术刀、剪刀、镊子、接种环、酒精灯、酒精棉球、灭菌的平皿及试管、载玻片、香柏油、显微镜、擦镜纸、美蓝染色液、革兰氏染色液。

【方法步骤】

(一)涂片染色镜检

将新鲜病料制成涂片或触片,用碱性美蓝法或革兰氏法染色后镜检。应发现有革兰氏染色阳性,直径 0.5～1.0 μm,呈球形或卵圆形,成对或以长短不一的链状排列(图 19-1),不成丛,不成堆,无芽孢,偶见荚膜,在营养缺乏的老龄培养基上可染成革兰氏阴性的细菌。

(二)细菌分离培养

选取上述病料,接种于事先置 37℃温箱预热 2～6 h 的血液琼脂培养基上,置于 37℃培养 24 h 或更长,应长出灰白色、半透明、湿润黏稠、露滴状菌落,菌落周围出现 β 型溶血环(图 19-2),镜检可见长短不一、链状排列的细菌。猪链球菌还可在血清肉汤和厌氧肉汤中均匀浑浊生长,继而肉汤上部澄清无菌膜,管底形成沉淀。

图 19-1 猪链球菌

图 19-2 β 型溶血环

（三）动物接种试验

选取上述病料，接种于马丁肉汤培养基，置于37℃培养24 h，取培养物，接种家兔和小鼠，家兔皮下或腹腔注射1～2 mL，小鼠皮下注射0.2～0.3 mL。家兔应于12～26 h、小鼠应于18～24 h死于败血症，死后无菌采心血、腹水、肝、脾涂片镜检，均可见大量单个、成对或3～5个菌体相连的链球菌，相同方法接种豚鼠、鸡，则无易感性。

实训二十

猪附红细胞体病的实验室诊断

【实训目标】

掌握猪附红体病的实验室诊断方法。

【材料准备】

（1）用品　载玻片、盖玻片、滴管、注射器、滤纸片、显微镜、擦镜纸。

（2）试剂　瑞特氏染色液、姬姆萨染色液、0.1%稀碘溶液、5%醋酸溶液、1%盐酸溶液、香柏油、二甲苯、生理盐水、蒸馏水。

【方法步骤】

（一）临诊诊断

猪附红细胞体除感染猪外，还可感染人及绵羊、牛、鼠、猫等多种动物，为人、畜共患病原体。发病猪和隐形感染猪是本病的传染源。不同年龄、性别、品种的猪均易感。本病一年四季均可发生，尤其是夏、秋季节。主要通过吸血昆虫传播，或通过血液污染的针头和器械传播，也可垂直传播。

临床症状指标：①发热，体温升高到 40～42℃，食欲下降，精神委顿，呼吸困难，排棕红色尿液。②感染初期皮肤潮红，后期背部及四肢末梢发绀，特别是耳廓边缘发绀。③贫血，全身皮肤及可视黏膜苍白或黄染（图 20-1）。④慢性病猪表现消瘦、苍白，部分猪出现荨麻疹或病斑型皮肤变态反应。⑤血液稀薄，凝固不良，红细胞数量减少。⑥母猪繁殖障碍。

图 20-1　皮肤苍白、黄染

（二）病理变化诊断

①全身肌肉色泽变淡，脂肪及肺、胸腔、胃、肠、膀胱等内脏器官浆膜有不同程度的黄染。②淋巴结、脾脏、肝脏肿大；肾脏肿大，质地变脆，外观黄染。③膀胱蓄积棕红色尿液，黏膜黄染。

（三）猪附红细胞体病的涂片染色镜检

1. 直接涂片镜检

自耳静脉或前静脉无菌采血，将采集的新鲜血样加等量的生理盐水稀释后，吸取一滴置于载玻片上，加盖玻片，置光学显微镜油镜（10×100）下观察。猪附红细胞体感染猪可见红细胞发生形态学变化，呈锯齿状、菜花状或星芒状等（图 20-2）；健康猪红细胞形态规则（图 20-3）。

图 20-2　感染猪红细胞呈星芒状

图 20-3　健康猪红细胞

2. 涂片染色镜检

无菌自耳静脉或前腔静脉采血后抹片，经甲醇固定 3～5 min 并干燥后，浸入盛有姬姆萨染色液的染色缸中染色 30 min，取出水洗，吸干水分，置光学显微镜油镜（10×100）下观察。猪附红细胞体感染猪红细胞呈波浪状、星芒状、锯齿状改变（图 20-4），且周围有染成紫红色的小体；健康猪红细胞形态规则，边缘光滑，染色均匀。

图 20-4　感染猪红细胞姬姆萨染色

实训二十一

鸡新城疫的诊断

【实训目标】

掌握鸡新城疫病毒的分离、病毒血凝及血凝抑制试验。

【材料准备】

(1)用品　9～11 日龄 SPF 鸡胚、恒温箱、照蛋器、卵盘、接种箱、注射器(1～5 mL)、针头、中号镊子、剪刀、眼科剪刀和镊子、灭菌平皿、酒精灯、胶布、蜡、锥子、煮沸消毒器、消毒剂(5%碘酊棉、75%酒精棉、5%石炭酸)、离心机、离心管、生理盐水、96 孔 V 形微量血凝集反应板、微量吸液器、混合振荡器、疑似鸡新城疫病鸡。

(2)诊断制剂　1%鸡红细胞悬液、鸡新城疫弱毒疫苗、鸡新城疫标准阳性血清和阴性血清。材料准备见图 21-1 至图 21-3。

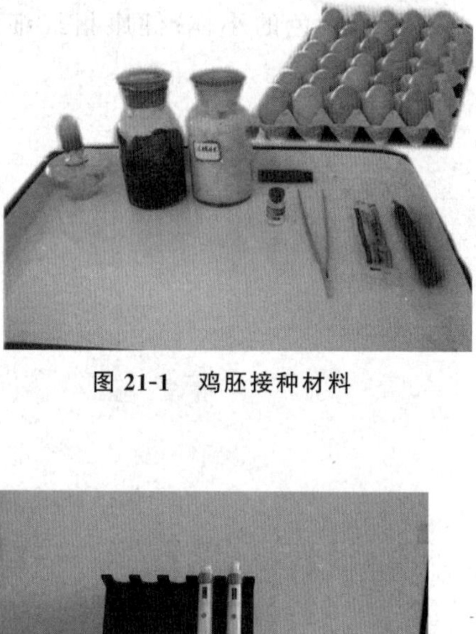

图 21-1　鸡胚接种材料

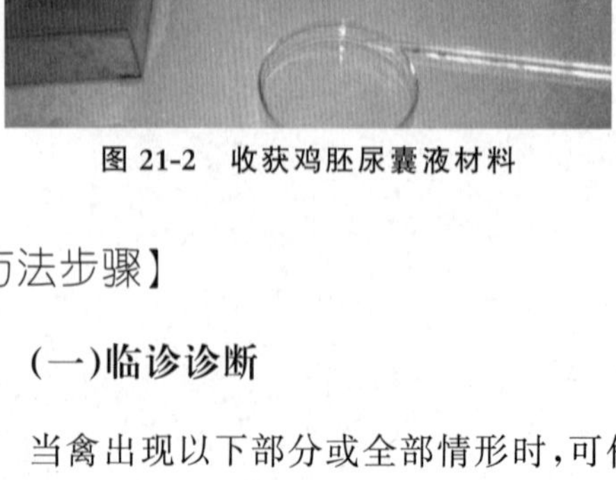

图 21-2　收获鸡胚尿囊液材料

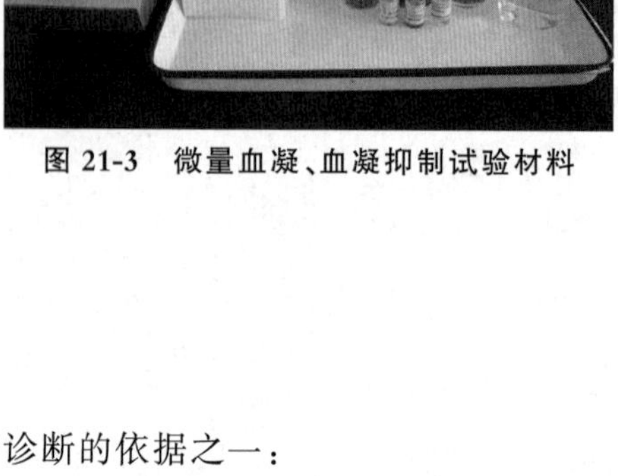

图 21-3　微量血凝、血凝抑制试验材料

【方法步骤】

(一)临诊诊断

当禽出现以下部分或全部情形时,可作为初步诊断的依据之一:

①发病急，死亡率高；②体温升高，极度精神沉郁，呼吸困难，食欲下降；③粪便稀薄，呈黄绿色或黄白色；④出现扭颈(图 21-4)，翅膀、腿脚麻痹呈“观星”姿势(图 21-5)；⑤免疫禽群出现产蛋下降。

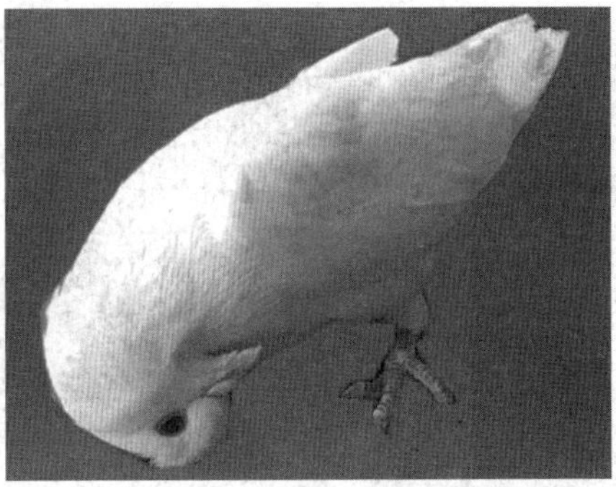

图 21-4 肉鸽头颈扭曲

图 21-5 鸡腿脚麻痹呈“观星”姿势

(二)病理变化诊断

①全身黏膜和浆膜出血，以呼吸道和消化道最为严重；②腺胃黏膜水肿，乳头和乳头间有出血点(图 21-6)；③盲肠扁桃体肿大、出血(图 21-7)、坏死；④十二指肠和直肠黏膜出血，有的可见纤维素性坏死病变；⑤脑膜充血和出血，鼻道、喉、气管黏膜充血，偶有出血(图 21-8)，肺可见瘀血和水肿。

当禽出现上述病变时，应进行实验室确诊。

图 21-6 腺胃乳头出血

图 21-7 盲肠扁桃体肿大出血

图 21-8 气管出血

(三)病毒分离与鉴定

1. 病毒分离

(1)样品采集　从活禽采集的样品包括气管和泄殖腔拭子，后者需带有可见粪便，对雏禽采集拭子容易造成损伤，可采用收集新鲜粪便代替。死禽以脑、肺脏、脾脏为主，也可采集其他病变组织。

(2)样品处理　样品置于含抗生素的等渗磷酸盐缓冲液(PBS)(pH 7.0～7.4)，抗生素视条件而定，但组织和气管拭子保存液中应含青霉素(2 000 U/mL)、链霉素(2 mg/mL)、卡那霉素(50 μg/mL)和制霉菌素(1 000 U/mL)，而粪便和泄殖腔拭子保存液抗生素浓度应提高 5 倍。加入抗生素后调 pH 到 7.0～7.4。粪便和搅碎的组织，应用含抗生素的 PBS 溶液制成 10%(g/mL)～20%(g/mL)的悬浮液，在室温下置 1～2 h。将粪便或组织的悬浮液在 4℃下以 3 000 r/min 离心 5 min，取上清液进行鸡胚接种。

(3)鸡胚接种　鸡胚模式图如图 21-9 所示。

①验蛋定位:在暗室内将鸡胚放在验蛋器上照视,用记号笔先标出气室和胚胎位置(通常标记眼睛位置),在胚位对侧蛋中腰无血管处,标一圆点,作为注射点(图 21-10)。

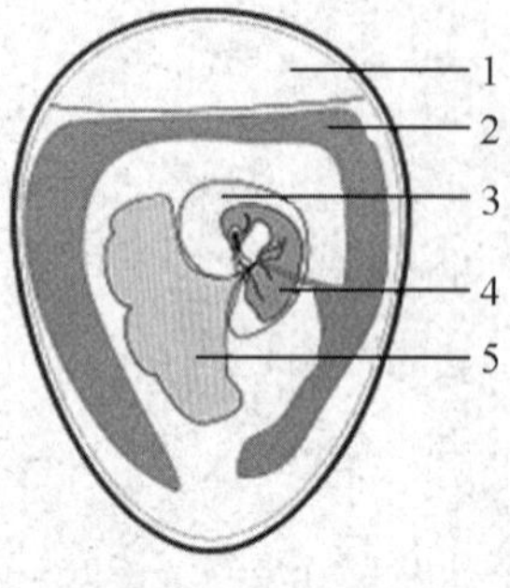

图 21-9　鸡胚模式图

1.气室　2.绒毛尿囊腔　3.羊膜腔
4.胚体　5.卵黄囊

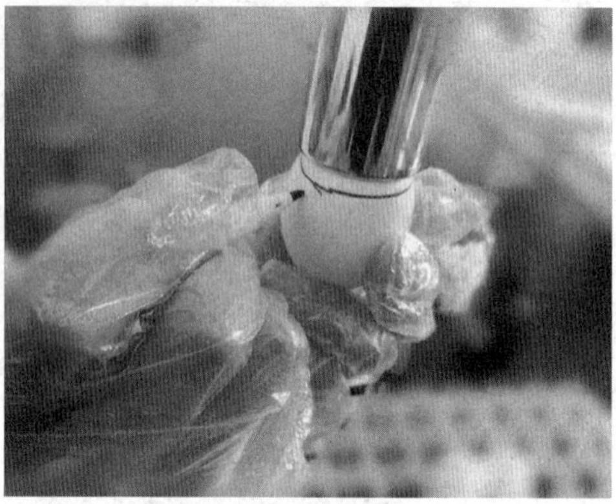
图 21-10　验蛋定位

②接种点消毒、打孔:先用碘酒棉球消毒(图 21-11),再用酒精棉球消毒(图 21-12);打孔所用针头也要用棉球消毒或火焰灭菌。钻孔时,不要用力过猛,轻轻地钻开硬壳,不伤及内膜(图 21-13)。壳末不要用口吹。

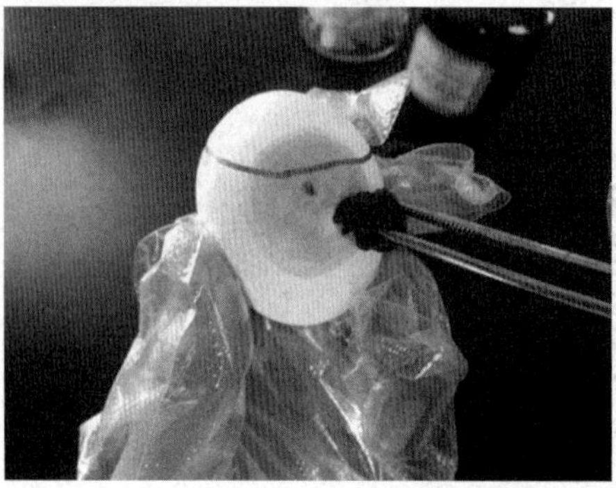
图 21-11　碘酒消毒

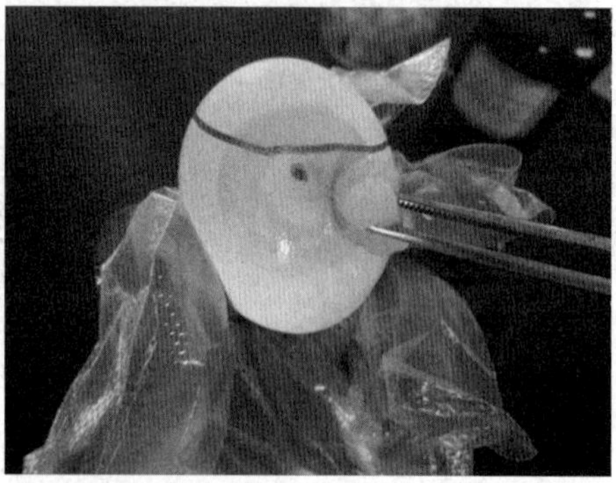
图 21-12　酒精消毒

图 21-13　打孔

(4)尿囊腔接种病毒　模式图如图 21-14 所示。用注射器吸取病毒液(排出空气和多余的液体时,用棉球包裹针头再排出,以防散毒),45°刺入,经绒毛尿囊膜入尿囊腔,进针深度 0.5～1 cm(图 21-15),每枚鸡胚 0.1 mL。

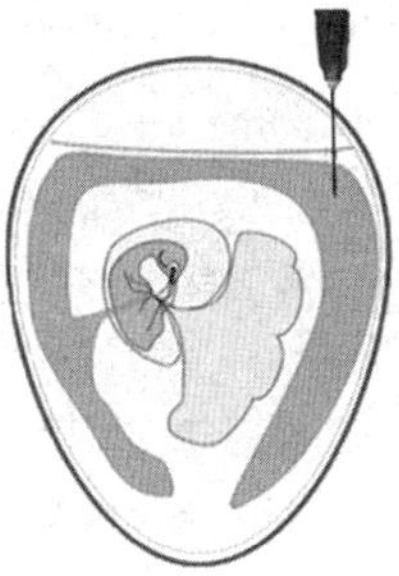

图 21-14　尿囊腔接种模式图

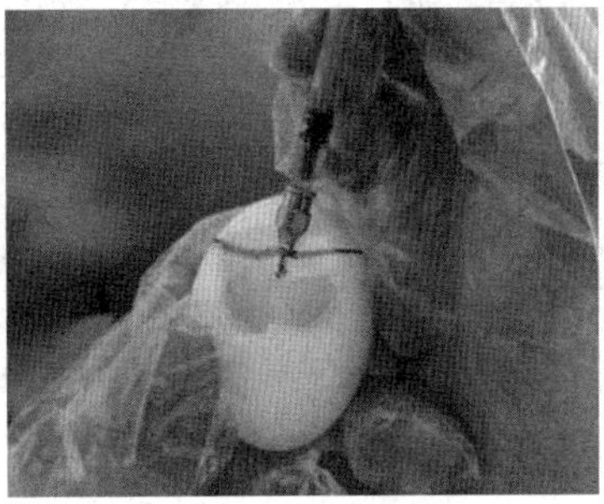

图 21-15　接种病毒

(5)封孔　融 1 滴蜡,封住针孔(图 21-16)。

(6)继续入孵(图 21-17)　孵化条件不变,定时验蛋,每 4～6 h 验 1 次蛋。凡在 24 h 内死亡的鸡胚属非正常死亡,应废弃。收集 24～72 h 内死亡的鸡胚,尿囊腔的尿囊液中含有大量病毒。

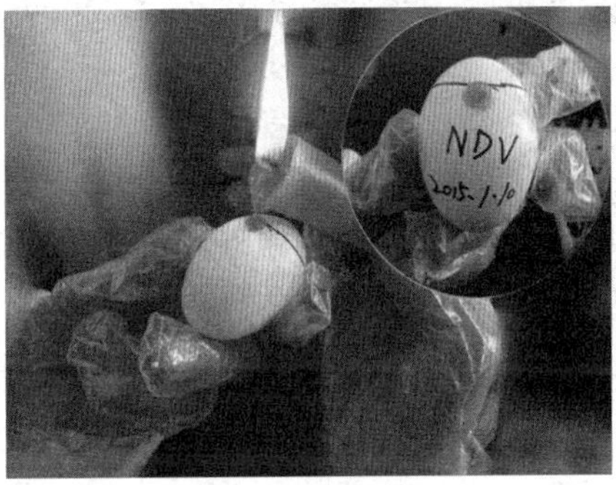

图 21-16　封孔

图 21-17　培养

(7)收获病毒液

①将鸡胚至冰箱内冷藏一夜,使血管收缩,以便得到无胎血的纯尿囊液。

②先用碘酒消毒气室处的蛋壳(图 21-18),再用酒精消毒脱碘(图 21-19),并用灭菌镊子除去气室的蛋壳(图 21-20)。撕开壳膜及其下面的绒毛尿囊膜,翻开到蛋壳边上(图 21-21)。

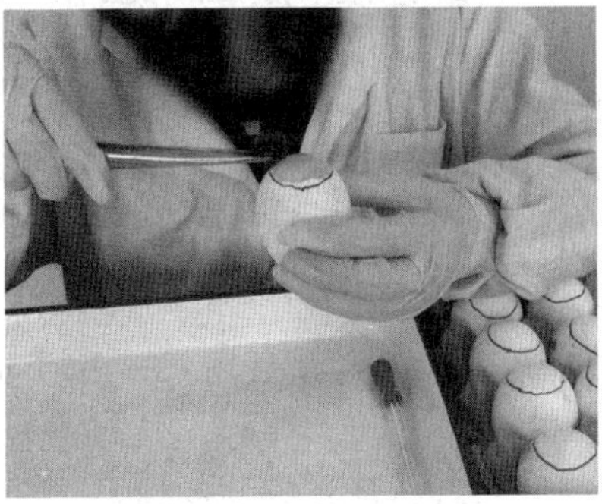

图 21-18　碘酒消毒气室

图 21-19　酒精脱碘

图 21-20　剥去气室端蛋壳

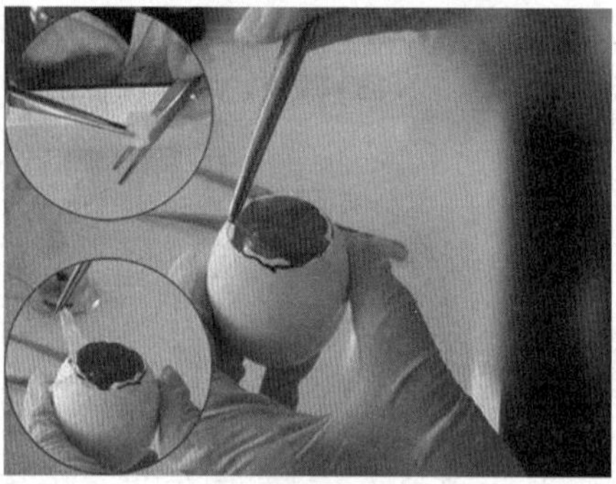

图 21-21　撕去硬壳膜和尿囊膜

③将鸡胚倾向一侧，用灭菌吸管或注射器吸取尿囊液（图 21-22），一个鸡胚可收获 2～5 mL 尿囊液，贮于小瓶中，并做无菌检验，4℃以下保存，备用。若操作时损伤了血管，则病毒会吸附在红细胞上，尿囊液不能用。

④观察鸡胚，有无典型的病变（图 21-23）。

图 21-22　收获尿囊液

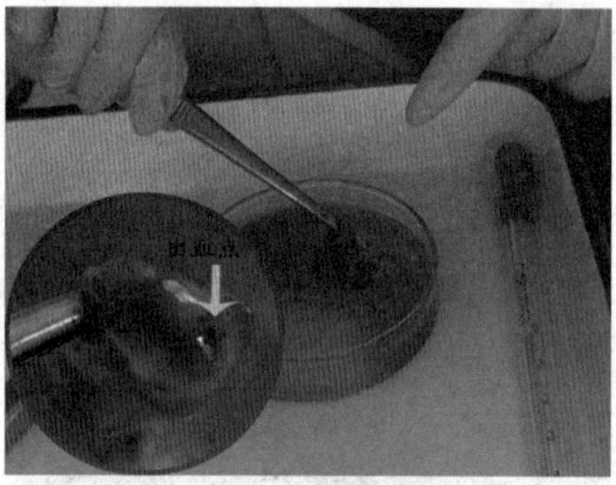

图 21-23　观察鸡胚病变

（8）注意事项

鸡胚接种需要严格无菌操作，以减少污染。接种部位要准确，以免引起胚体的损伤。操作速度要快，操作完毕，及时将鸡胚放入孵化器内培养，以防凉死。病毒培养时应保持恒定的适宜条件，收毒结束，注意用具、环境的消毒处理（图 21-24）。

图 21-24　用具消毒

2. 病毒的鉴定（微量血凝和血凝抑制试验）

（1）制备 1%鸡红细胞悬液　采成年健康鸡血（图 21-25），加入有抗凝剂（3.8%枸橼酸钠液）的离心管中，用 20 倍量的 pH 7.2 0.01 mol/L PBS 磷酸盐缓冲盐水洗涤 3～4 次，每次以 2 000 r/min 离心 3～4 min（图 21-26），最后一次 5 min。每次离心后弃去上清液，并彻底去除白细胞（图 21-27），最后用 PBS 稀释成 1%红细胞悬液（图 21-28、图 21-29）。

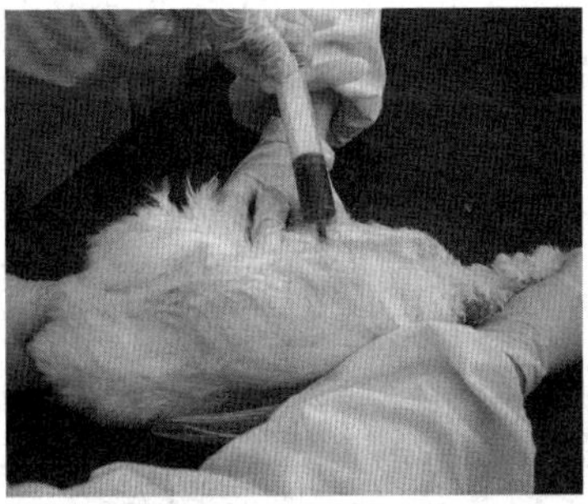

图 21-25　采血

图 21-26　将离心管对称放入离心机

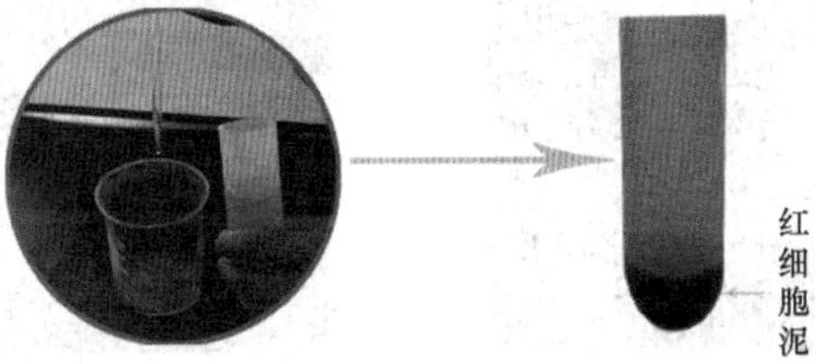

图 21-27　弃上清液和白细胞

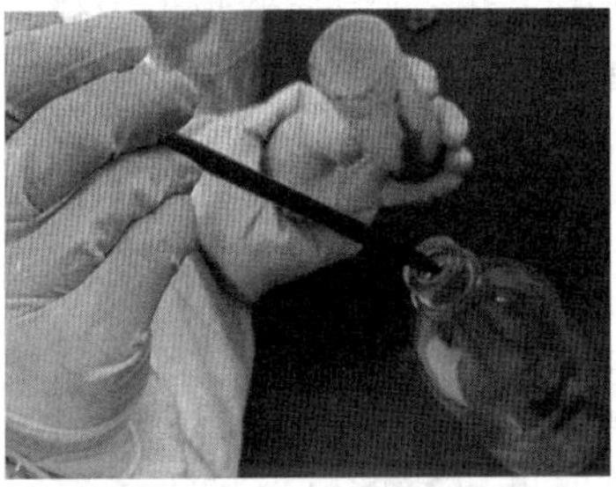

图 21-28　吸取红细胞泥

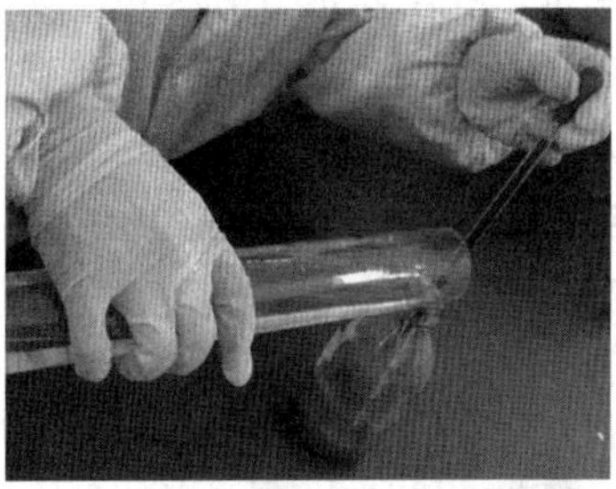

图 21-29　加 PBS 液稀释

注意　盖上离心机的盖子后一定要检查是否盖紧；离心前检查电源开关是否处于"关"位置，调速旋钮是否置于最低速度位置；移动调速旋钮时，一定要缓慢移动。

(2)微量血凝试验(HA)　操作术式见表 21-1。

表 21-1　微量法血凝试验操作术式　　mL

项目	孔号											
	1	2	3	4	5	6	7	8	9	10	11	12
病毒稀释倍数	2^1	2^2	2^3	2^4	2^5	2^6	2^7	2^8	2^9	2^{10}	2^{11}	对照
PBS 液	0.025	0.025	0.025	0.025	0.025	0.025	0.025	0.025	0.025	0.025	0.025	0.025
病毒液	0.025	0.025	0.025	0.025	0.025	0.025	0.025	0.025	0.025	0.025	0.025	弃 0.025
PBS 液	0.025	0.025	0.025	0.025	0.025	0.025	0.025	0.025	0.025	0.025	0.025	0.025
1%红细胞	0.025	0.025	0.025	0.025	0.025	0.025	0.025	0.025	0.025	0.025	0.025	0.025
作用时间及温度	室温 20～25℃，静置 40 min											
结果举例	+	+	+	+	+	+	+	+	+	±	−	−

在进行 HI 试验之前必须先进行 HA 试验，以确定 HI 试验中所用抗原的 HA 滴度。

操作程序如下：

①取 96 孔 V 形微量反应板，用微量移液器在 1～12 孔每孔加 0.025 mL PBS 液（图 21-30）；

②吸取 0.025 mL 病毒悬液加入第 1 孔中，吹打 3～5 次充分混匀（图 21-31）；

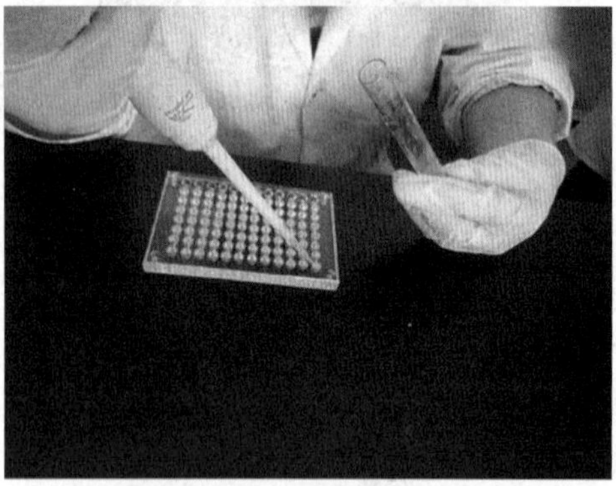

图 21-30　加入 PBS 液

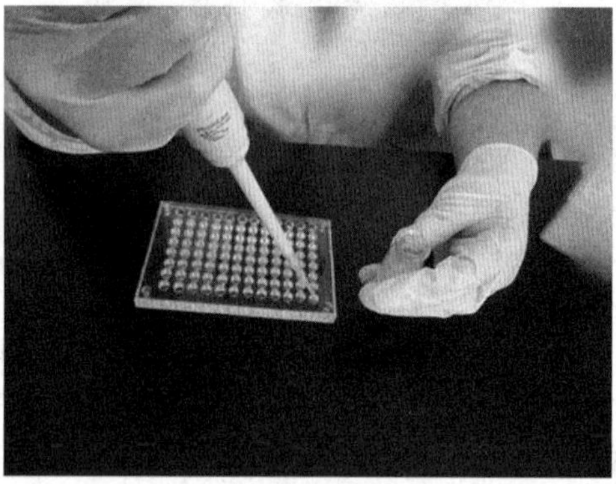

图 21-31　加入病毒悬液

③从第 1 孔中吸取 0.025 mL 混匀后的病毒液加到第 2 孔，混匀后吸取 0.025 mL 加入到第 3 孔，依次进行系列倍比稀释到第 11 孔（图 21-32），最后从第 11 孔吸取 0.025 mL 弃之，设第 12 孔为 PBS 对照；

④每孔再加入 0.025 mL PBS 液；

⑤每孔加入 0.025 mL 体积分数为 1%的鸡红细胞悬液（图 21-33）；

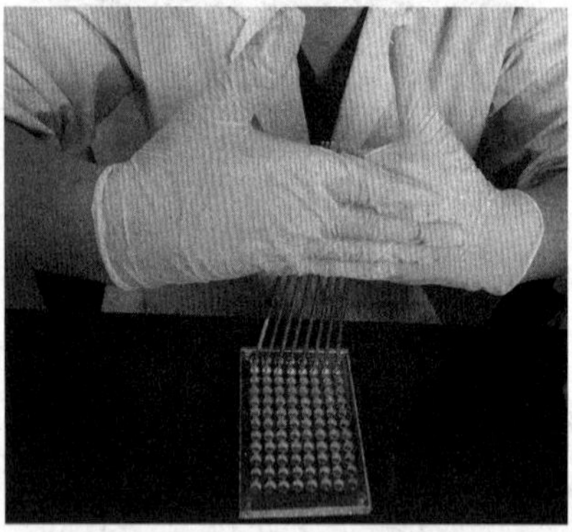

图 21-32　倍比稀释病毒液

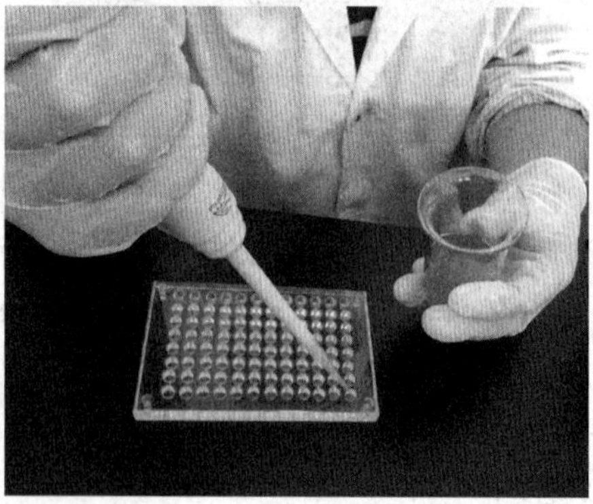

图 21-33　加入红细胞悬液

⑥振荡混匀反应混合液（图 21-34），室温 20～25℃下静置 40 min 后观察结果，若环境温度太高，放 4℃静置 60 min，PBS 对照孔的红细胞呈明显的纽扣状沉到孔底时判定结果。

（3）结果判定

①在 PBS 对照孔出现正确结果的情况下，将反应板倾斜，观察红细胞是否完全凝集（图 21-35）。以完全凝集的病毒最大稀释度为该抗原的血凝滴度。完全凝集的病毒的最高稀释倍数为 1 个血凝单位（HAU）。

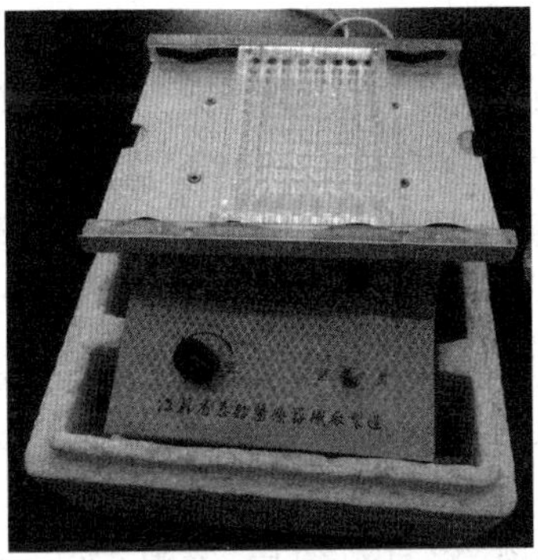

图 21-34　振荡

图 21-35　观察红细胞凝集情况

②如果没有血凝活性或血凝效价很低，则采用 SPF 鸡胚用初代分离的尿囊液继续继代，若仍为阴性，则认为新城疫病毒分离阴性。

③对于血凝试验呈阳性的样品应采用新城疫标准阳性血清进一步进行血凝抑制试验。

判定标准见图 21-36。

图 21-36　血凝试验判定标准

(4)微量血凝抑制试验(HI)　操作术式见表 21-2。

表 21-2　微量法血凝抑制试验操作术式　　mL

项目	孔号											
	1	2	3	4	5	6	7	8	9	10	11	12
病毒稀释倍数	2^1	2^2	2^3	2^4	2^5	2^6	2^7	2^8	2^9	2^{10}	病毒对照	红细胞对照
PBS 液	0.025	0.025	0.025	0.025	0.025	0.025	0.025	0.025	0.025	0.025	0.025	0.05
ND 阳性血清	0.025	0.025	0.025	0.025	0.025	0.025	0.025	0.025	0.025	0.025	弃0.025	
4HAU 抗原	0.025	0.025	0.025	0.025	0.025	0.025	0.025	0.025	0.025	0.025	0.025	
作用时间及温度	室温 20～25℃，静置 30 min											
1%红细胞液	0.025	0.025	0.025	0.025	0.025	0.025	0.025	0.025	0.025	0.025	0.025	
作用时间及温度	室温 20～25℃，静置 40 min											
结果举例	−	−	−	−	−	−	−	±	±	+	+	−

4 个血凝单位的病毒液制备　根据血凝试验测定的病毒的血凝效价，判定 4 个血凝单位的稀释倍数。方法举例为：如病毒 HA 效价为 9 log2，其 4 个血凝单位为 7 log2，则将病毒稀释 128 倍即可。

HI 试验操作程序如下：

①取 96 孔 V 形微量反应板，用移液器在第 1～11 孔各加入 0.025 mL PBS 液，第 12 孔加入 0.05 mL PBS 液。

②在第 1 孔加入 0.025 mL 新城疫标准阳性血清，充分混匀后移出 0.025 mL 至第 2 孔，依此类推，倍比稀释至第 10 孔，第 10 孔弃去 0.025 mL，第 11 孔为阳性对照，第 12 孔为 PBS 对照。

③在第 1～11 孔各加入 0.025 mL 稀释好的 4 个血凝单位的病毒液，轻叩反应板，使反应物混合均匀，室温下(20～25℃)静置不少于 30 min，4℃不少于 60 min。

④每孔加入 0.025 mL 体积分数为 1% 的红细胞悬液，轻晃混匀后，室温(20～25℃)静置约 40 min，若环境温度太高，放 4℃静置 60 min。当 PBS 对照孔红细胞呈明显纽扣状沉到孔底时判定结果。

(5)结果判定

①在 PBS 对照孔出现正确结果的情况下，将反应板倾斜，从背侧观察，看红细胞是否呈泪珠状流下。滴度是指产生完全不凝集(红细胞完全流下)的最高稀释度。只有当阴性血清与标准抗原对照的 HI 滴度不大于 2 log2，阳性血清与标准抗原对照的 HI 滴度与已知滴度相差在 1 个稀释度范围内，并且所有阴、阳性血清都不发生自凝的情况下，HI 试验结果方判定有效。

②尿囊液 HA 效价大于等于 4 log2，且标准新城疫阳性血清对其 HI 效价大于等于 4 log2，判为新城疫病毒。

③对确定存在新城疫病毒繁殖的尿囊液应进一步测定其毒力。

实训二十二

鸡白痢的检疫

【实训目标】

掌握鸡白痢的病理剖检特征和全血平板凝集试验的方法。

【材料准备】

(1)用具　玻璃板(图 22-1)、20 或 22 号注射针头、移液器、枪头、干燥的灭菌试管、酒精棉、酒精灯、消毒盘、玻璃笔、纱布、火柴、工作服等。

(2)诊断液　鸡白痢全血凝集反应抗原(农业部中国兽药监察所生产,或其他来源的合格产品。抗原为福尔马林灭活的细菌悬液,每毫升含菌 1×10^{10})。鸡白痢阴性、阳性血清等。

(3)动物　疑似鸡白痢的成年鸡或待检鸡。

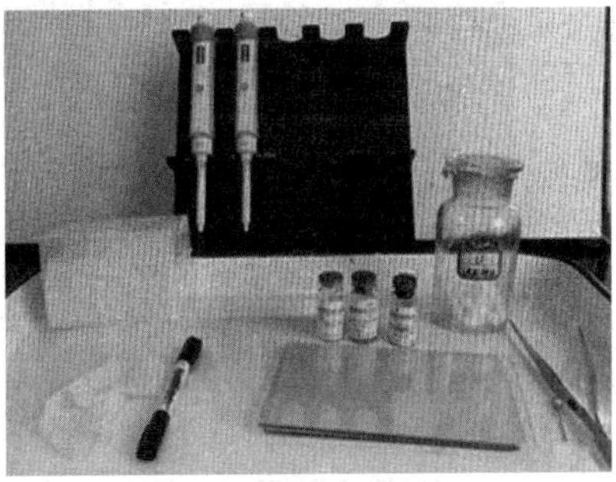

图 22-1　材料准备

【方法步骤】

(一)病理变化诊断

疑似鸡白痢的成年母鸡常见的病变为卵泡变形、色泽变暗(图 22-2),质地变硬,有时发生卵黄性腹膜炎(图 22-3)和心包炎。

图 22-2　卵泡变形、色泽变暗

图 22-3　卵黄性腹膜炎

(二)快速全血平板凝集反应

1. 操作方法

取一清洁的玻璃板(图 22-4),用玻璃铅笔画成 2 cm 方格并编号(图 22-5),然后将瓶中抗原充分摇匀,用移液器吸取抗原,垂直滴 0.05 mL 于玻片上(图 22-6),然后使用注射针头刺破消毒（图 22-7）后的鸡翅静脉或冠尖（图 22-8），以移液器吸取 0.02 mL 血液（图 22-9）混入抗原内（图 22-10），同时设阴性（图 22-11）和阳性（图 22-12）对照，随即搅拌均匀（图 22-13），并使散开至直径约 1.5 cm 为度。

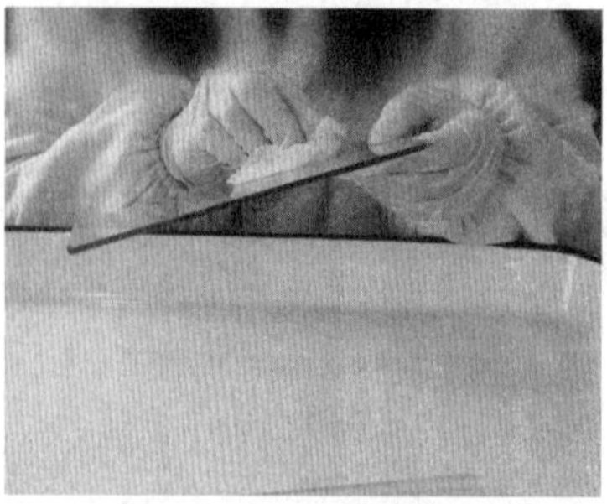

图 22-4　擦净玻璃板

图 22-5　画格编号

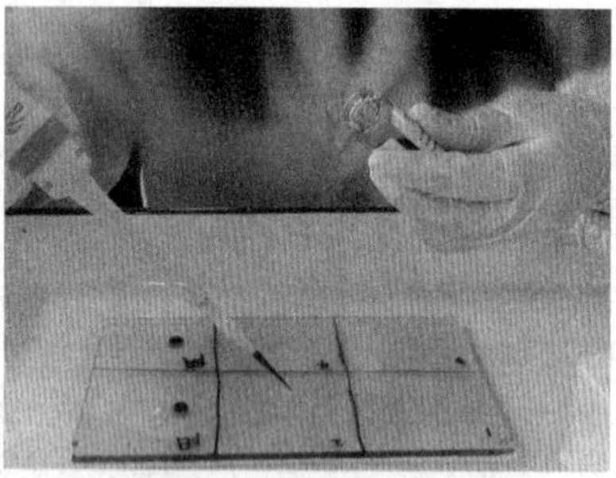

图 22-6　滴加抗原

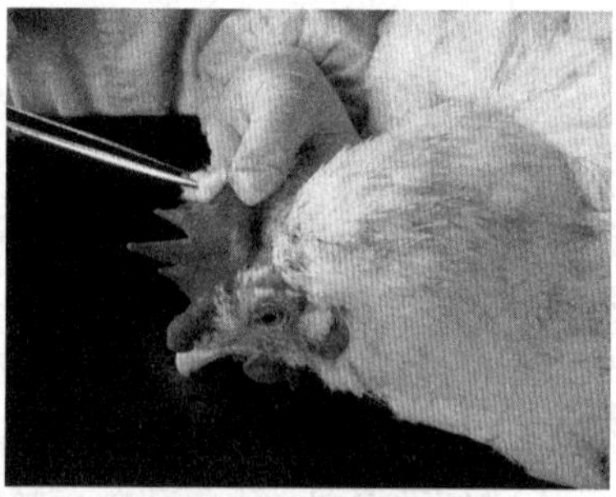

图 22-7　鸡冠消毒

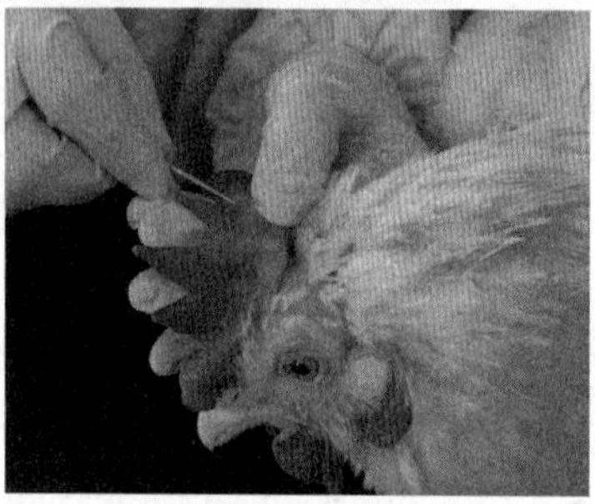

图 22-8　刺破鸡冠

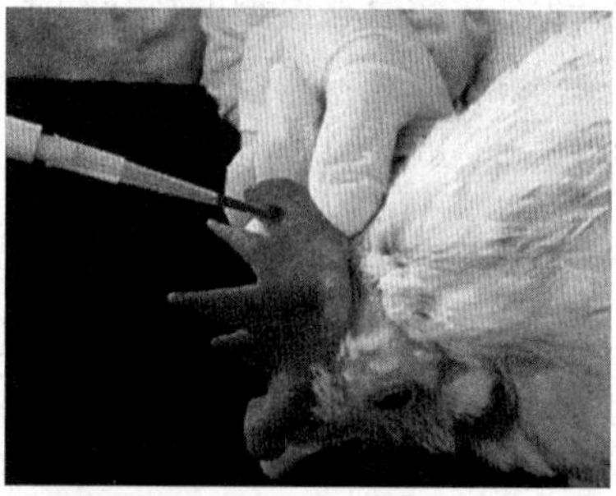

图 22-9　吸取血液

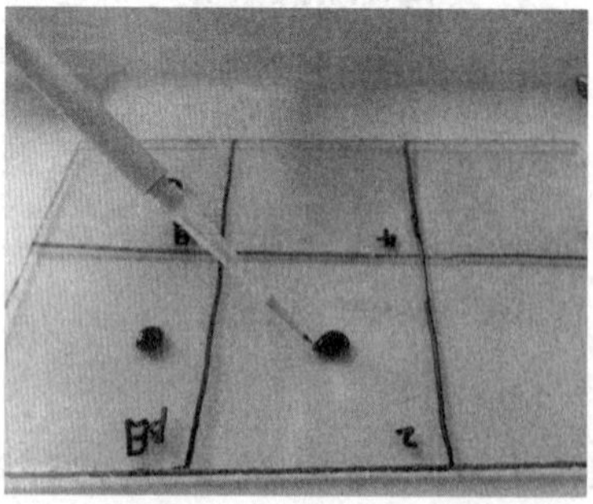

图 22-10　血液滴入待检格

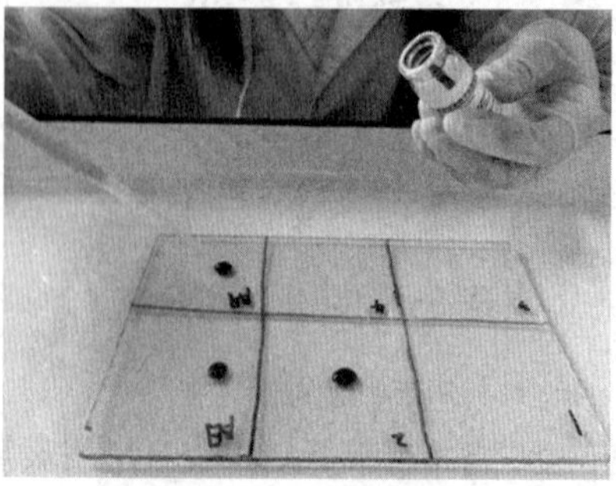

图 22-11　加阴性血清

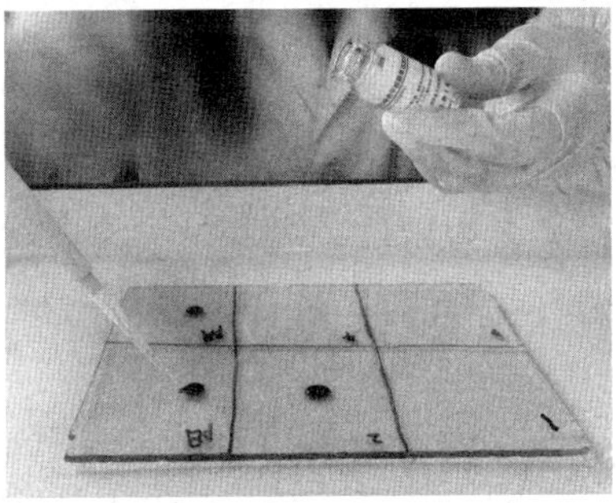

图 22-12　加阳性血清

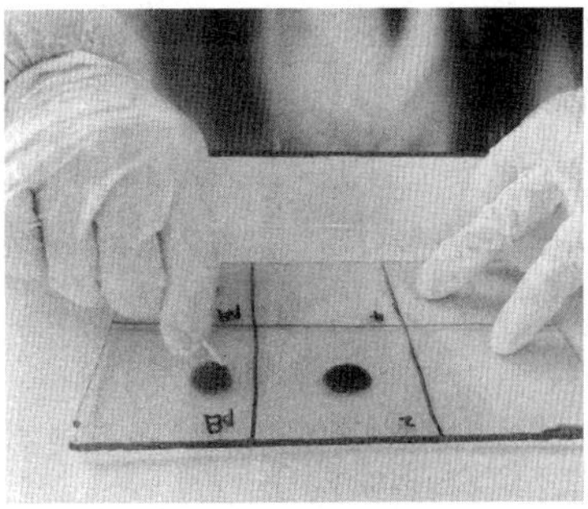

图 22-13　分别混匀

2. 结果判断

如图 22-14 所示。

图 22-14　鸡白痢全血平板凝集试验判定结果

①抗原与血清混合后 2 min 内出现肉眼可见的明显颗粒状或块状凝集物，判为阳性。

②2 min 以内不出现凝集，或出现均匀一致的极微小颗粒，或在边缘处由于临干前出现絮状物，则判为阴性反应。

③在上述情况之外不易判断为阳性或阴性者，判为可疑反应。

3. 注意事项

①抗原应在 2～15℃冷暗处保存，在使用前必须充分振荡，从杀菌之日算起有效期 6 个月，避免温热及日光曝晒。

②本抗原适用于产卵母鸡及 1 年以上公鸡，幼龄鸡敏感度较差。

③每批鸡检查开始时，必须作阴性、阳性血清对照。

④本试验应在 18℃以上，否则影响反应结果。

(三)血清试管凝集反应

(1)鸡血清样品　无菌静脉或心脏采血完全凝固后自然析出或离心得淡黄色的液体为被检血清。

(2)抗原　试管凝集反应抗原，必须具有各种代表性的鸡白痢沙门氏菌菌株的抗原成分，对阳性血清有高度凝集力，对阴性血清无凝集力。固体培养中洗下的抗原需保存于 0.25%～0.50%石炭酸生理盐水中，使用时将抗原稀释成每毫升含菌 10×10^{8}，并把 pH 调至 8.2～8.5，稀释的抗原限当天使用。

(3)操作　在试管架上依次摆 3 支试管，吸取稀释抗原 2 mL 置第 1 管，吸取各 1 mL 分置第 2、3 管。先吸取被检血清 0.08 mL 注入第 1 管，充分混合后再吸取 1 mL 移入第 2 管，充分混合后吸取 1 mL 移入第 3 管，混合后吸出混合液 1 mL 舍弃，最后将试管摇振数次，使抗原血清充分混合，置 37℃温箱中 20 h 后观察结果。

（4）结果判断　试管 1、2、3 的血清稀释倍数依次分别为 1∶25，1∶50，1∶100，凝集阳性者，抗原显著凝集于管底，上清液透明；阴性者，试管内液体呈均匀浑浊；可疑者，介于前两者之间。在鸡 1∶50 以上凝集者为阳性；在火鸡 1∶25 以上凝集者为阳性。

实训二十三

鸡马立克氏病的诊断

【实训目标】

掌握鸡马立克氏病(MD)的诊断方法。

【材料准备】

(1)用具　注射器(1 或 2 mL)8～10 支、6～8 号针头 20 支、10 mm×100 mm 试管若干支(分离血清或浸提羽髓抗原)、玻璃棒(直径 6～8 mm、圆头长约 16 cm)4～6 支。吸管(滴管、带胶乳头)18～20 支,分别吸加马立克病毒制品(标准抗原或已知阳性血清)和受检鸡血清或羽髓浸提液。烧杯或搪瓷缸 4～6 个(盛蒸馏水),分别洗涤吸管和玻璃棒、玻璃平皿,精制琼脂粉,打孔器(直径 3 mm 和 6 mm),8% pH 7.2～7.4 的钠、钾磷酸盐缓冲液,氯化钠,镊子,剪刀,酒精棉,来苏儿,病鸡等。

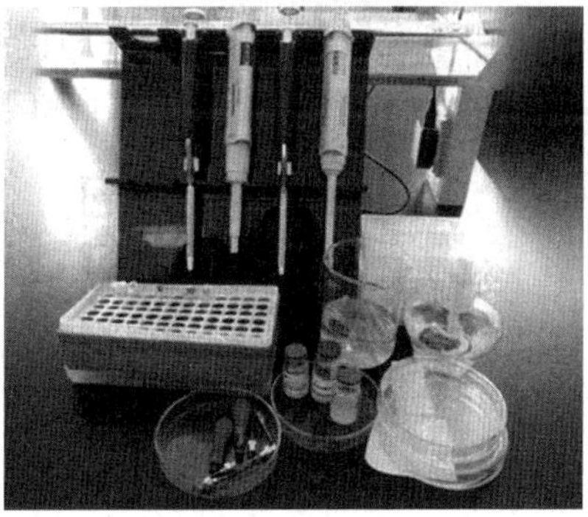

图 23-1　材料准备

(2)诊断试剂　标准抗原、阳性血清。

材料准备见图 23-1。

【方法步骤】

(一)临诊诊断

在鸡群中,病鸡临床症状表现为瘫痪,并且两腿前后伸展呈“劈叉”姿势(图 23-2)时,一般可以作为 MD 的示病症状,可初步判定为 MD。

图 23-2　“劈叉”姿势

(二)病理变化诊断

神经型 MD 的病理变化为外周神经肿胀，呈半透明水肿样，色泽变淡，横纹消失，其肿胀程度一般为正常神经的 2～3 倍(图 23-3)。这些变化多发生在腰荐神经丛、坐骨神经丛、颈部迷走神经丛等部位。由于多为不对称性，通过比较对侧神经将有助于判定。

内脏型 MD 各内脏器官肿瘤结节(图 23-4)。

图 23-3 右侧腰荐神经增粗

图 23-4 肝脏肿瘤结节

皮肤型 MD 病理变化比较少见。其病理变化特征为：以皮肤羽毛囊为中心，形成半球形隆起的肿瘤(图 23-5)，其表面有时可见鳞片状棕色痂皮。

眼型 MD 是由于淋巴细胞侵润虹膜而导致的病理变化，虹膜呈环状或斑点状褪色，出现淡灰色；瞳孔不规则，有时偏向虹膜一侧(图 23-6)。

图 23-5 皮肤肿瘤结节

图 23-6 虹膜淡灰色，瞳孔不规则

(三)MD 琼脂扩散试验检测技术

鸡马立克氏病琼脂扩散试验既可以用于马立克氏病病毒抗原的检出，也可以用于马立克氏病病毒抗体的检出。该方法一般在马立克氏病病毒感染 14～24 d 后检出病毒抗原；抗体的检出一般在病毒感染 3 周后。

1. 1%琼脂平板制备

用含 8%氯化钠的 PBS 溶液(0.01 mol/L，pH 7.4)配制 1%琼脂溶液，水浴加温使充分溶化、过滤，倒入直径 90 mm 培养皿，每皿约 15 mL，平置，在室温下冷却凝固后，将琼脂板放在预先印好的 7 孔梅花形图案上，用打孔器按图形准确位置打孔，中央孔孔径为 6 mm，外周孔孔径 3 mm，孔距均为 3 mm，每个平皿可打 4～5 组孔。

2. 鸡马立克氏病病毒抗原检测

(1)打孔

①在已制备的琼脂板上，用直径 6 mm 和 3 mm 的打孔器按六角形图案打孔(图 23-7)，或用梅花形打孔器打孔。中央孔孔径 6 mm，外周孔孔径 3 mm，中心孔与外周孔距离为 3 mm。

②将孔中的琼脂用 8 号针头斜面向上从右侧边缘插入，轻轻向左侧方向挑出(图 23-8)，

勿损坏孔的边缘，避免琼脂层脱离平皿底部。

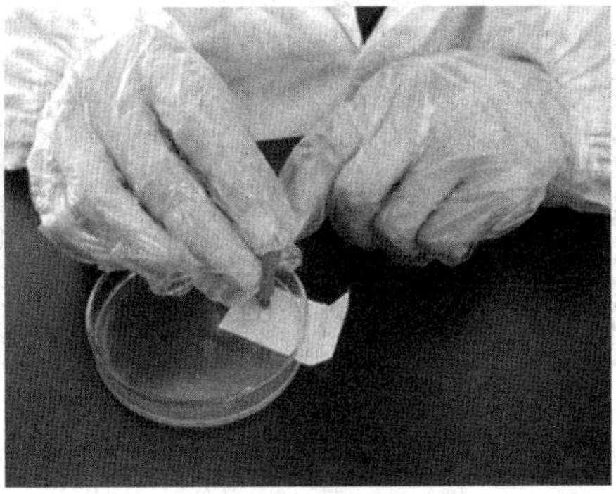
图 23-7 打孔

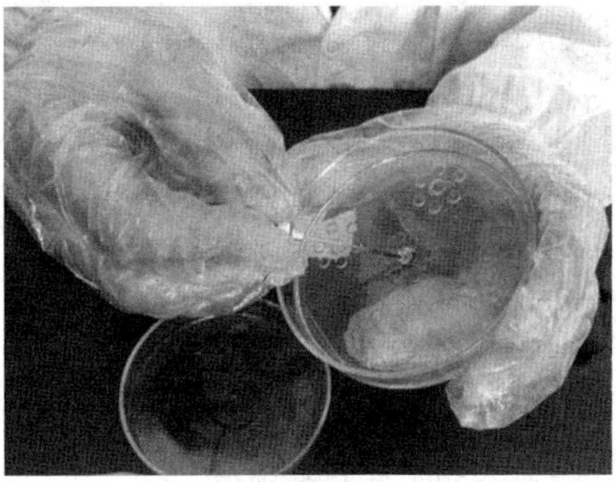
图 23-8 挑去中央琼脂

(2)封底 用酒精灯火焰轻烤平皿底部至琼脂轻微熔化为止(图 23-9)，封闭孔的底部，以防样品溶液侧漏。

(3)加样 用微量移液器吸取用灭菌生理盐水稀释的标准阳性血清滴入中央孔，标准阳性抗原悬液分别加入外周的第 1、第 4 孔中，在外周第 2、3、5、6 孔处(不打孔)按顺序分别插入被检鸡的羽毛髓质端(长度约 0.5 cm)；或在第 2、3、5、6 孔中加入被检的羽髓浸出液，每孔均以加满不溢出为度，每加一个样品应换一个吸头。

(4)感作 加样完毕后，静置 5～10 min，将平皿轻轻倒置，放入湿盒内，置 37℃ 温箱中反应(图 23-10)，分别在 24 h 和 48 h 观察结果。

图 23-9 封底

图 23-10 操作

3. 鸡马立克氏病抗体检测

用微量移液器吸取用灭菌生理盐水稀释的标准抗原液滴入中央孔(图 23-11)，标准阳性血清分别加入外周的第 1、第 4 孔中，待检血清按顺序分别加入外周的第 2、3、5、6 孔中(图 23-12)。每孔均以加满不溢出为度，每加一个样品应换一个吸头。

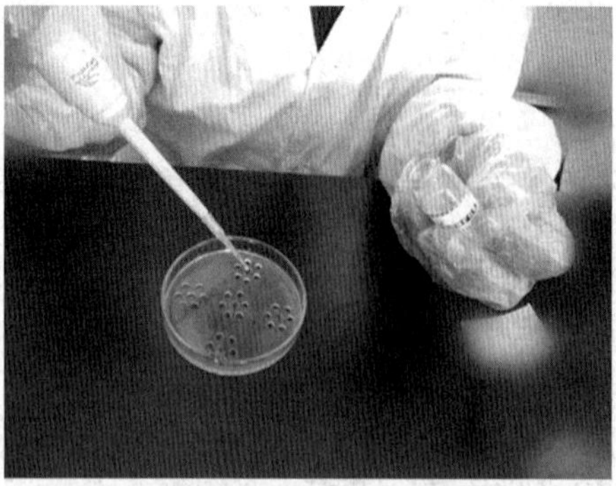

图 23-11　滴加抗原

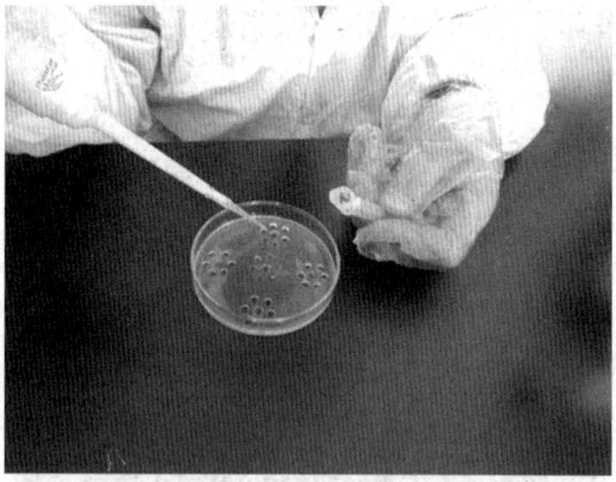

图 23-12　滴加血清

4．结果判定及判定标准

MD 琼脂扩散试验结果判定如图 23-13 所示。

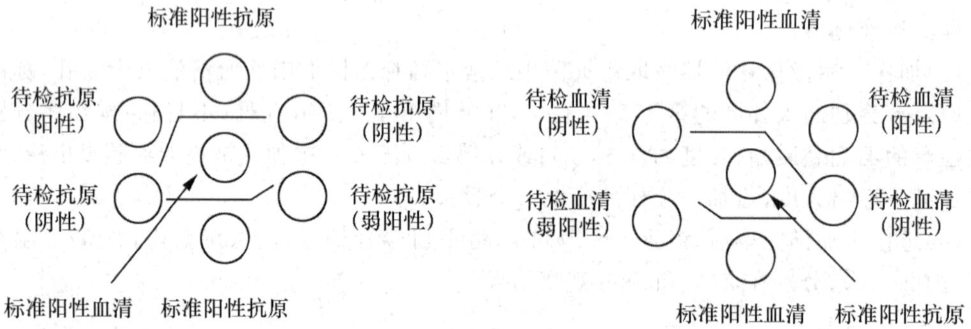

图 23-13　MD 琼脂扩散试验结果判定示意图

①将琼脂板置日光灯或侧强光下进行观察，当标准阳性血清与标准抗原孔之间有明显沉淀线，而待检血清与标准抗原孔间或待检抗原与标准阳性血清孔之间有明显沉淀线，且此沉淀线与标准抗原和标准血清孔间的沉淀线末端相融合，则待检样品为阳性。

②当标准阳性血清与标准抗原孔的沉淀线的末端与毗邻的待检血清孔或待检抗原孔的末端向中央孔方向弯曲时，待检样品为弱阳性。

③当标准阳性血清与标准抗原孔间有明显沉淀线，而待检血清与标准抗原孔或待检抗原与标准阳性血清孔之间无沉淀线，或标准阳性血清与抗原孔间的沉淀线末端向毗邻的待检血清孔或待检抗原孔直伸或向外侧弯曲时，该待检血清为阴性。

④介于阴、阳性之间为可疑。可疑应重检，仍为可疑判为阳性。

实训二十四

鸡传染性法氏囊病的诊断

【实训目标】

掌握鸡传染性法氏囊病(IBD)的诊断方法。

【材料准备】

(1)用具　剪刀、镊子、荧光显微镜、玻片、组织搅拌器、离心机及离心管、90 mm 平皿，吸管(1 mL、10 mL)、带胶乳头滴管、精制琼脂粉、打孔器(直径 6 mm 和 3 mm)、pH 7.2 PBS 液、氯化钠、0.1%石炭酸、酒精棉、来苏儿、病鸡等。

(2)诊断制剂　IBD 阳性血清、IBD 阴性血清、IBDV 抗原、IBD 荧光抗体。

【方法步骤】

(一)临诊诊断

本病在初发生的鸡群多呈急性经过，早期症状表现为有的鸡啄肛门和羽毛现象，随后病鸡出现下痢、食欲减退、精神委顿(图 24-1)、畏寒、消瘦、羽毛无光泽，病鸡脱水虚弱而死亡。死亡率一般在 5%～25%，如毒力强的毒株侵害，其死亡率可达 60%以上。

图 24-1　精神委顿

(二)病理变化诊断

剖检时可见胸肌、腿肌出血(图 24-2)，腺胃和肌胃交界处有带状出血(图 24-3)。法氏囊水肿，比正常大 2～3 倍(图 24-4)。法氏囊明显出血，黏膜皱褶上有出血点，囊内黏液较多，出血严重者法氏囊呈紫红色(图 24-5)。病程长的法氏囊内有干酪样物质(图 24-6)，有的病鸡法氏囊萎缩。肾肿大并有尿酸盐沉积(图 24-7)。

图 24-2　胸肌、腿肌出血

图 24-3　腺胃和肌胃交界处带状出血

图 24-4　法氏囊水肿

图 24-5　法氏囊肿大出血

图 24-6　法氏囊干酪样物质

图 24-7　肾肿大并有尿酸盐沉积

(三)琼脂扩散试验

本法是检测血清中特异性抗体或法氏囊组织中病毒抗原的最常用诊断方法。

1. 病料采集

采集发病早期的血液样品,3 周后再采血样,并分离血清。为了检出法氏囊中的抗原,无菌采取 10 只鸡左右的法氏囊,用组织搅拌器制成匀浆,以 3 000 r/min 离心 10 min,取上清液备用。

2. 琼脂板制备

取 1 g 优质琼脂熔化于含有 0.1%石炭酸的 8%氯化钠溶液 100 mL,水浴加温使其充分融化后吸 15 mL 倒入 90 mm 平皿内。

3. 打孔和加样

事先制好打孔的图案(中央 1 个孔和外周 6 个孔),放在琼脂板下面,用打孔器打孔,并剔去孔内琼脂。中央孔孔径为 3 mm,外周孔孔径为 6 mm,孔距为 3 mm,现以检测抗原为例进行加样。中央孔加 IBD 阳性血清,1、4 孔加入已知抗原,2、3、5、6 孔加入被检抗原,加满而不溢出为度,将平皿倒置放在湿盒内,置 37℃温箱内经 24～48 h 观察结果。

4. 结果判定

在标准阳性血清与被检的抗原孔之间,有明显沉淀线者判为阳性,相反,如果不出现沉淀者判为阴性。标准阳性血清和已知抗原孔之间一定要出现明显沉淀线者,本试验方可确认。

(四)免疫荧光抗体检查

1. 被检材料

采取病死鸡的法氏囊、肾和脾,用冰冻切片制片后,用丙酮固定 10 min。

2. 染色方法

在切片上滴加 IBD 荧光抗体,置湿盒内在 37℃感作 30 min 后取出,先用 pH 7.2 PBS 液冲洗,继而用蒸馏水冲洗,自然干燥后滴加甘油缓冲液封片(甘油 9 份,pH 7.2 PBS 1 份)镜检。

3. 结果判定

镜检时见有特异性荧光的细胞判为阳性，不出现荧光或出现非特异性荧光的细胞则判为阴性。

4. 注意事项

滴加标记荧光抗体于已知阳性标本上，应呈现明显的特异荧光。滴加标记荧光抗体于已知阴性标本片上，应不出现特异性荧光。本法在感染 12 h 就可在法氏囊和盲肠扁桃体检出。

实训二十五

禽流感的诊断

【实训目标】

掌握禽流感临诊诊断要点和实验室诊断方法。

【材料准备】

(1)用具　剪刀、镊子、酒精灯、棉拭子、1～3 mL 带帽塑料试管、离心机、离心试管、琼脂粉、打孔器、微量移液器(配有枪头)、96 孔 V 形微量反应板、微量振荡器、10 日龄鸡胚、照蛋器、75%酒精、锥子、1 mL 注射器、针头、蜡烛、15 mL 试管及支架、10 mL 试管、青霉素、链霉素、卡那霉素、阿氏液、pH 7.2 的 0.01 mol/L 磷酸盐缓冲液(PBS)。

(2)诊断制剂　高致病性禽流感病毒血凝素分型抗原和标准分型血清以及阴性血清,待检血清、鸡新城疫阳性血清、减蛋综合征 EDS_{76} 血清、支原体标准阳性血清。

【方法步骤】

(一)临诊诊断

鸡和火鸡感染禽流感病毒后的危害最为严重,一年四季均可发生,但以冬、春多发。病禽通常精神沉郁,饮食减少,消瘦,母鸡产蛋量下降。有时也可能出现呼吸道症状,咳嗽、啰音、呼吸困难,病禽流泪,羽毛杂乱,身体蜷缩。有的病禽出现神经症状和下痢。高致病性禽流感病毒感染鸡后,可出现头和面部水肿,冠和肉垂肿大并发绀等症状。

(二)病理变化诊断

高致病性禽流感病毒感染后,主要引起出血性病变,常见喉头气管出血、有黏液,心冠脂肪点状出血(图 25-1),心包肥厚,腺胃乳头出血、溃疡,在腺胃黏膜上有一层脓性分泌物(图 25-2)等病变。整个肠道,尤其是十二指肠、直肠和泄殖腔出血严重。肾脏常肿胀,有尿酸盐沉积。

图 25-1　心冠脂肪点状出血

图 25-2　腺胃脓性分泌物

(三)禽流感病毒分离

1.病料采集

一般应在感染初期或发病急性期从死禽或活禽采取。死禽采集气管、肺、肝、肾、脾、泄殖腔等组织样品;活禽用大小不等的灭菌棉拭子涂擦喉头、气管或泄殖腔,带有分泌物的棉拭子放入每毫升含有 1 000 IU 青霉素、2 000 μg 链霉素 pH 7.2~7.6 的肉汤中。

2.样品的运送和保存

采集样品若在 48 h 内进行检测,可在 4℃条件下保存;否则应在低温条件下保存(-70℃贮存最好)。

3.样品处理

将棉拭子充分捻动、拧干后除去拭子,样品液经 1 000 r/min 离心 10 min,取上清液作为接种材料。组织样品用肉汤培养基或 PBS 的悬液,1 000 r/min 离心 10 min,取上清液作为试验样品。为防止细菌污染应加入抗生素,使每毫升培养液中所含青霉素 2 000 IU,链霉素 2 000 μg。

4.样品接种

取经处理的样品,以 0.2 mL/胚的量尿囊腔途径接种 9~11 日龄 SPF 鸡胚,每个样品接种 4~5 胚,置 37℃孵化箱内孵育。每日照蛋。

5.收胚

无菌收取 18 h 以后的死胚及 96 h 活胚的鸡胚尿囊液,测血凝价。若血凝价很低,则用尿囊液继续传 2 代,若仍阴性,则认为病毒分离阴性。

6.病毒鉴定

将收获的鸡胚尿囊液分别采用全量法或微量法按常规进行血凝价检测,当血凝滴度达 1:16 以上时,确定病毒分离为阳性。分别用鸡新城疫、减蛋综合征和支原体等疫病的标准阳性血清进行中和,若该病毒不被新城疫、减蛋综合征和支原体等阳性血清抑制,则可初步认定分离到的病毒为禽流感病毒。

(四)血清学诊断

1.血凝(HA)试验(微量法)

①在微量反应板的 1~12 孔均加入 0.025 mL PBS,换枪头。

②吸取 0.025 mL 抗原加入第 1 孔,混匀。

③从第 1 孔吸取 0.025 mL 抗原加入第 2 孔,混匀后吸取 0.025 mL 加入第 3 孔,如此进行对倍稀释至第 11 孔,从第 11 孔吸取 0.025 mL 弃之,换枪头。

④每孔再加入 0.025 mL PBS 液。

⑤每孔均加入 0.025 mL 1%(*V*/*V*)鸡红细胞悬液(将鸡红细胞悬液充分摇匀后加入)。

⑥振荡混匀,在室温(20~25℃)下静置 40 min 后观察结果(如果环境温度太高,可置 4℃环境下 1 h)。对照孔红细胞将呈明显的纽扣状沉到孔底。

⑦结果判定:将板倾斜,观察红细胞有无呈泪滴状流淌。完全血凝(不流淌)的抗原或病毒最高稀释倍数代表一个血凝单位(HAU)。

2. 血凝抑制(HI)试验(微量法)

①根据血凝试验结果配制 4 HAU 的病毒抗原。以完全血凝的病毒最高稀释倍数作为

终点，终点稀释倍数除以 4 即为含 4 HAU 的抗原的稀释倍数。例如，如果血凝的终点滴度为 1∶256，则 4 HAU 抗原的稀释倍数应是 1∶64(256 除以 4)。

②在微量反应板的 1～11 孔加入 0.025 mL PBS，第 12 孔加入 0.05 mL PBS。

③吸取 0.025 mL 血清加入第 1 孔内，充分混匀后吸 0.025 mL 于第 2 孔，依次对倍稀释至第 10 孔，从第 10 孔吸取 0.025 mL 弃去。

④1～11 孔均加入含 4 HAU 混匀的病毒抗原液 0.025 mL，室温(20℃)静置至少 30 min。

⑤每孔加入 0.025 mL 的鸡红细胞悬液轻轻混匀，静置约 40 min(室温约 20℃，若环境温度太高可置 4℃条件下 1 h)，对照红细胞将呈明显纽扣状沉于孔底。

⑥结果判定。以完全抑制 4 个 HAU 抗原的血清最高稀释倍数作为 HI 滴度。

只有阴性对照孔血清滴度不大于 2 log2，阳性对照血清误差不超过 1 个滴度，试验结果才有效。HI 价小于或等于 3 log2 判定 HI 试验阴性；HI 价等于 4 log2 为阳性。

3. 琼脂凝胶免疫扩散(AGP)试验

(1)琼脂板的制备　称量琼脂粉 1.0 g，加入 100 mL pH 7.2 的 0.01 mol/L PBS 液，在水浴中煮沸使之充分融化，加入 8 g 氯化钠，充分溶解后加入 1%硫柳汞溶液 1 mL，冷至 45～50℃时，将洁净干热灭菌直径为 90 mm 的平皿置于平台上，每个平皿加入 18～20 mL，加盖待凝固后，把平皿倒置以防水分蒸发，放普通冰箱中保存备用(时间不超过 2 周)。

(2)打孔　在制备的琼脂板上按 7 孔一组的梅花形打孔(中间 1 孔，周围 6 孔)，孔径约 5 mm，孔距 2～5 mm(图 25-3)，将孔中的琼脂用 8 号针头斜面向上从右侧边缘插入，轻轻向左侧方向将琼脂挑出，不要影响边缘或使琼脂层脱离皿底。

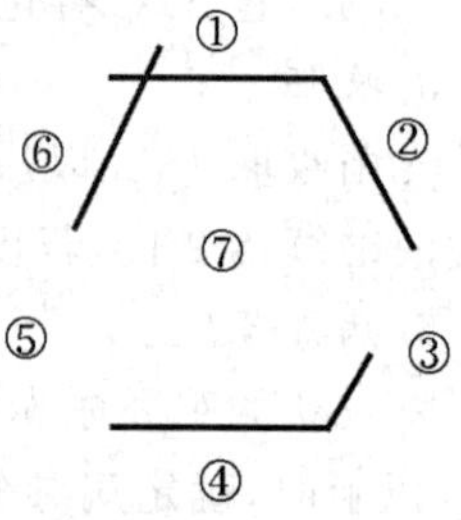

图 25-3　AGP 试验结果

(3)封底　用酒精灯轻烤平皿底部至琼脂刚刚要熔化为止，封闭孔的底部，以防侧漏。

(4)加样　用微量移液器或带有 6～7 号针头的 0.25 mL 注射器，吸取抗原悬液滴入中间孔(⑦号孔)，标准阳性血清分别加入外周的①和④孔中，被检血清按编号顺序分别加入另外 4 个外周孔(②、③、⑤、⑥号孔)。每孔均以加满不溢出为度，每加一个样品应换一个滴头。

(5)作用　加样完毕后，静置 5～10 min，然后将平皿轻轻倒置放入湿盒内，37℃温箱中感作用，分别在 24 h、48 h 和 72 h，观察并记录结果。

(6)判定方法　将琼脂板置日光灯或侧强光下观察，若标准阳性血清(①和④号孔)与抗原孔之间出现一条清晰的白色沉淀线，则试验成立。

(7)判定标准

若被检血清孔(②号孔)与中心抗原孔之间出现清晰致密的沉淀线，且该线与抗原与标准阳性血清之间沉淀线的末端相吻合，则被检血清判为阳性。

被检血清孔(③号孔)与中心孔之间虽不出现沉淀线，但标准阳性血清孔(④号孔)的沉淀线一端向被检血清孔内侧弯曲，则此孔的被检样品判为弱阳性(凡弱阳性者应重复试验，仍为弱阳性者，判为阳性)。

若被检血清孔(⑤号孔)与中心孔之间不出现沉淀线，且标准阳性血清沉淀线直向被检血清孔，则被检血清判为阴性。

被检血清孔(⑥号孔)与中心抗原孔之间沉淀线粗而浑浊或标准阳性血清与抗原孔之间的沉淀线交叉并直伸，被检血清孔为非特异反应，应重做，若仍出现非特异反应则判为阴性。

实训二十六

犬瘟热的诊断

【实训目标】

掌握犬瘟热的诊断方法。

【材料准备】

胶体金试剂盒(试纸、棉签、吸管、缓冲液)(图 26-1,图 26-2),病犬。

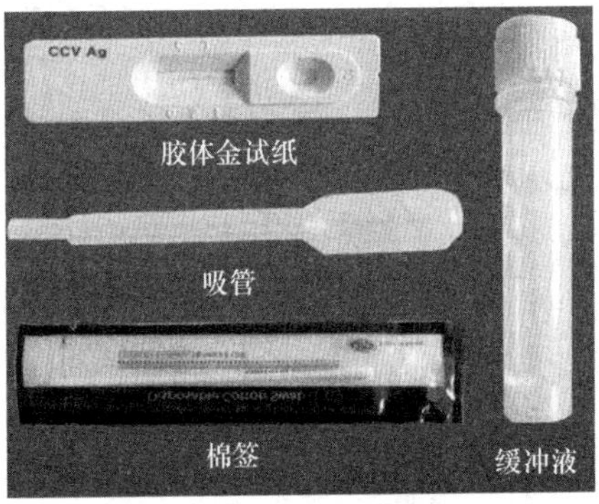

图 26-1　胶体金试剂盒材料

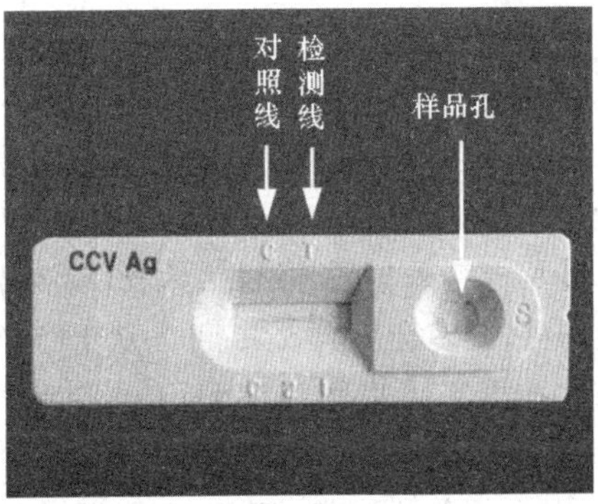

图 26-2　胶体金试纸结构图

【方法步骤】

(一)临诊诊断

犬瘟热的临床表现多种多样,与犬温热病毒的毒力、环境条件、宿主的年龄、品种及免疫状态有关,在犬、貂、狐狸等不同动物表现的临床症状不一。早期表现双相热、急性鼻卡他以及随后的支气管炎、卡他性肺炎、严重的胃肠炎和神经症状为特征,少数病犬的鼻和足垫角质化过度。病犬体温升高至 40℃以上,鼻流清鼻涕或脓性鼻液,脓性眼屎,有咳嗽、呼吸急促等肺炎症状,腹下可见米粒大小的丘疹。严重病例发生腹泻,粪便呈水样,恶臭,混有黏液和血液。病犬消瘦,脱水,体重下降,脚垫和鼻过度角质化。病后期犬温热病毒侵入大脑时出现神经症状,头、颈、四肢抽搐。

(二)病理变化诊断

犬瘟热的病理变化随病程长短,临床病型和继发感染的种类与程度而不同。犬温热病毒为泛嗜性病毒，对上皮细胞有特殊的亲和力，因此病变分布广泛。新生幼犬胸腺常明显缩小，且多呈胶冻状。有些病例皮肤出现水疱性、脓疱性皮疹；有些病例鼻和脚底表皮角质层增生而呈角化症。上呼吸道、眼结膜呈卡他性和化脓性炎。肺呈现卡他性或化脓性支气管炎，支气管或肺泡中充满渗出液。消化道中可见胃黏膜潮红。卡他性或出血性肠炎，大肠常有过量黏液，直肠黏膜皱襞出血。脾肿大。肾上腺皮质变性。轻度间质性附睾炎和睾丸炎。中枢神经系统的大体病变包括脑膜出血、脑室扩张和因脑水肿所致的脑脊液增加。

(三)犬瘟热抗原试纸

1. 原理

犬瘟热抗原试纸一般采用双抗体夹心方式的免疫胶体金层析技术，属于一步式固相膜反应。试纸被滴加样品溶液后，溶液中的抗原随溶液爬行至结合垫处，与其中的胶体金标记抗体 1 反应形成红色的抗原抗体复合物，然后继续层析移动向前。在观察窗口的检测线(T)处，红色免疫复合物中的抗原被此处预先包被抗体 2 捕获并截留下来，随着红色复合物截留量增多，逐渐形成一条红线，因此根据红色 T 线的出现即可判定样品溶液为阳性。如果样品中没有抗原，则不形成免疫抗原抗体复合物，流过 T 处，不发生捕获截留，T 处保持白色，判定为阴性。

2. 操作方法

操作模式见图 26-3。

①打开包装，把犬瘟热抗原试纸相关组件放置干燥平稳处。

②用棉签采集眼分泌物、鼻液、唾液(图 26-4)(取少量即可，太多会影响效果；可先从干净部位采集)。

③把棉签采集物放入“反应缓冲液”里充分混匀(图 26-5)。

④用一次性滴管，吸取反应缓冲液里的样品(图 26-6)；把滴管里吸取的样品，滴入到试纸的样品孔(S)里(图 26-7)，3～4 滴即可。

⑤当反应进行时，可看到紫红色的条带在试纸中间的反应窗中移动；5～10 min 内读取结果(10 min 后的结果视为无效)。

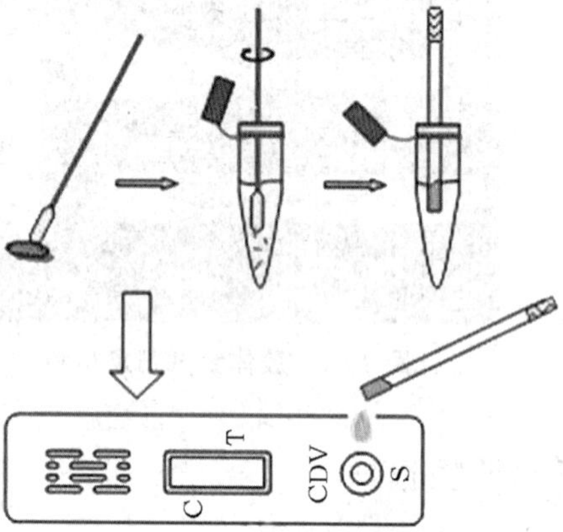

图 26-3　胶体金试纸操作模式

图 26-4　采集眼分泌物、鼻液、唾液

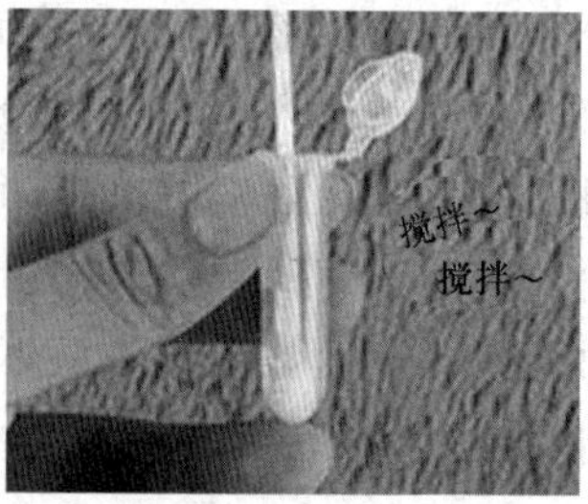

图 26-5　棉签采集物混入缓冲液

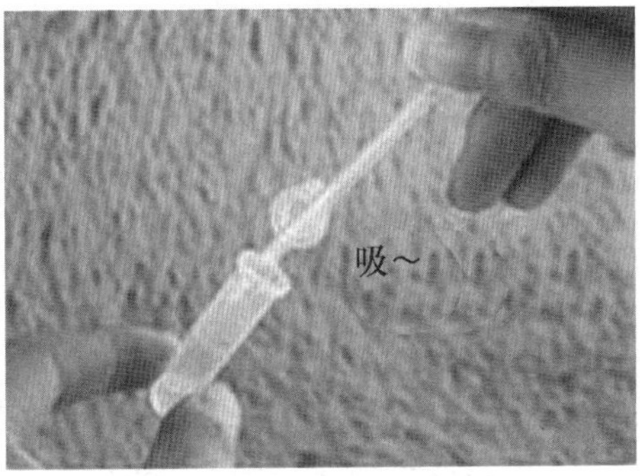

图 26-6　吸取混合液

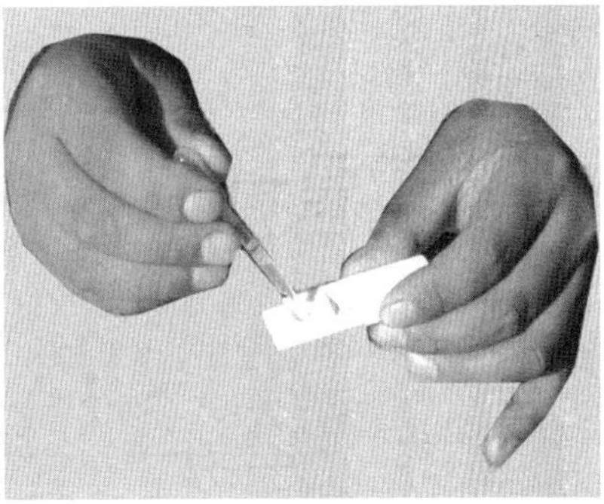

图 26-7　滴入样品孔

⑥试纸结果如图 26-8 所示。

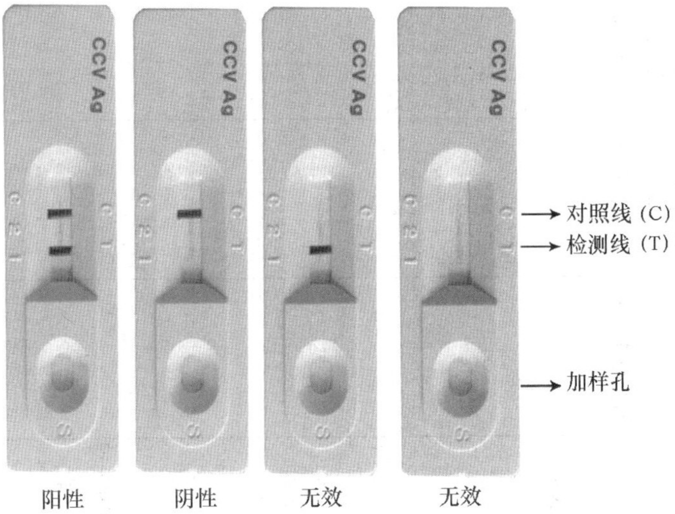

图 26-8　胶体金试纸结果

对照线(C):无论有无犬瘟都会显色,若无显色则测试不成功,需要用新试纸检测。

检测线(T):用来判断是否患犬瘟。

阴性(无病):唯独对照线(C)显色。

阳性(患病):对照线(C)与检测线(T),都显色。

测试无效:对照线(C)无显色或对照线(C)与检测线(T)都无显色。

微弱显色:检测线的深浅和检测物的含量有关,检测物含量过高时,线条会在出现后又慢慢变淡,甚至消失。这时建议将样品稀释 10 倍后再进行检测,显现紫红色线条就可以稳定了,或者怕检测失效的话可以用新试纸重新采样检测。

附录一

动物病理材料送检单

动物病理材料送检单 第　　号

送检单位		地址		检验单位		材料收到日期	年　月　日　时
动物种类		发病时间	年　月　日　时	检验人		结果通知日期	年　月　日　时
死亡时间	年 月 日 时	送检时间	年　月　日　时	检验名称	微生物学检验	血清学检查	病理组织学检查
取材时间	年 月 日 时	取材人					
疫病流行简况							
主要临床症状				检验结果			
主要剖检变化							
曾经过何种治疗				诊断和处理意见			
病料序号名称		病料处理方法					
送检目的				检验负责人签章			

附录二

牛结核病检疫记录表

牛结核病检疫记录表

地址__________　　　　　　　　　　　　　　20______年____月____日

牛号	年龄	次数		注射时间（时分）	注射部位	皮肤厚度/mm				判定	检疫员
						原皮厚	72 h	96 h	120 h		
		第　次	第一回								
			第二回								
		第　次	第一回								
			第二回								
		第　次	第一回								
			第二回								
		第　次	第一回								
			第二回								
		第　次	第一回								
			第二回								
		第　次	第一回								
			第二回								
		第　次	第一回								
			第二回								
		第　次	第一回								
			第二回								
		第　次	第一回								
			第二回								

续表

牛号	年龄	次 数		注射时间（时分）	注射部位	皮 肤 厚 度/mm				判定	检疫员
						原皮厚	72 h	96 h	120 h		
		第 次	第一回								
			第二回								
		第 次	第一回								
			第二回								
		第 次	第一回								
			第二回								
		第 次	第一回								
			第二回								

受检头数________　　阳性头数________　　疑似头数________　　阴性头数__________

附录三

常用染色液的配制

1. 碱性美蓝染色液

甲液：美蓝 0.3 g，95%酒精 30 mL。

乙液：0.01%苛性钾溶液 100 mL。

将美蓝放入研钵中，徐徐加入酒精研磨均匀后即为甲液，将甲、乙两液混合，过夜后用滤纸过滤即成。新配制的美蓝染色液染色效果不佳，陈旧的染色效果好。

2. 草酸铵结晶紫染色液

甲液：结晶紫 2 g，95%酒精 20 mL。

乙液：草酸铵 0.8 g，蒸馏水 80 mL。

将结晶紫放入研钵中，加酒精研磨均匀为甲液，然后将完全溶解的乙液与甲液混合即可。

3. 革兰氏碘液

碘 1 g，碘化钾 2 g，蒸馏水 300 mL。

将碘化钾放入研钵中，加入少量蒸馏水使其溶解，再放入已磨碎的碘片徐徐加水，同时充分磨匀，待碘片完全溶解后，把余下的蒸馏水倒入，再装入瓶中。

4. 石炭酸复红溶液

取碱性复红酒精饱和溶液（碱性复红 10 g 溶于 95%酒精 100 mL 中）1 mL 和 5%石炭酸水溶液 9 mL 混合，即为石炭酸复红原液。再取复红原液 10 mL 和 90 mL 蒸馏水混合，即成稀释石炭酸复红溶液。

5. 瑞氏染色液

取瑞氏染料 0.1 g，纯中性甘油 1 mL，在研钵中混合研磨，再加入甲醇 60 mL 使其溶解，装入棕色瓶中过夜，次日过滤，盛于棕色瓶中，保存于暗处。保存越久，染色越好。

6. 姬姆萨染色液

取姬姆萨染料 0.6 g 加入甘油 50 mL 中，置 55～60℃ 水浴中 1.5～2 h 后，加入甲醇 50 mL，静置 1 d 以上，滤过即成姬姆萨染色原液。

染色前于每毫升蒸馏水中加入原液 1 滴，即成姬姆萨染色液。应当注意，所用蒸馏水必须为中性或微碱性，若蒸馏水偏酸，可于每 10 mL 左右加入 1%碳酸钾溶液 1 滴，使其变成微碱性。

7. PBS 缓冲液

①配制 25×PB：称量磷酸氢二钠 2.74 g 和磷酸二氢钠 0.79 g，加蒸馏水至 100 mL。

②配制 1×PBS：量取 40 mL 25×PB，加入 8.5 g 氯化钠，加蒸馏水至 1 000 mL。

③用氢氧化钠或盐酸调 pH 至 7.2。

④灭菌或过滤除菌。

⑤PBS 液一经使用，于 4℃保存不超过 3 周。

参 考 文 献

[1] 刘振湘，姚卫东．畜禽传染病［M］．北京：中国农业大学出版社，2008.
[2] 甘孟侯．中国禽病学［M］．北京：中国农业出版社，2000.
[3] 贵州省畜牧学校．家畜传染病学．2 版．［M］．北京：中国农业出版社，2010.
[4] 岳华，汤承．禽病临床诊断彩色图谱［M］．成都：四川科学技术出版社，2002.
[5] 张宏伟．动物疫病［M］．北京：中国农业出版社，2001.